# 集合・位相に親しむ

庄田敏宏

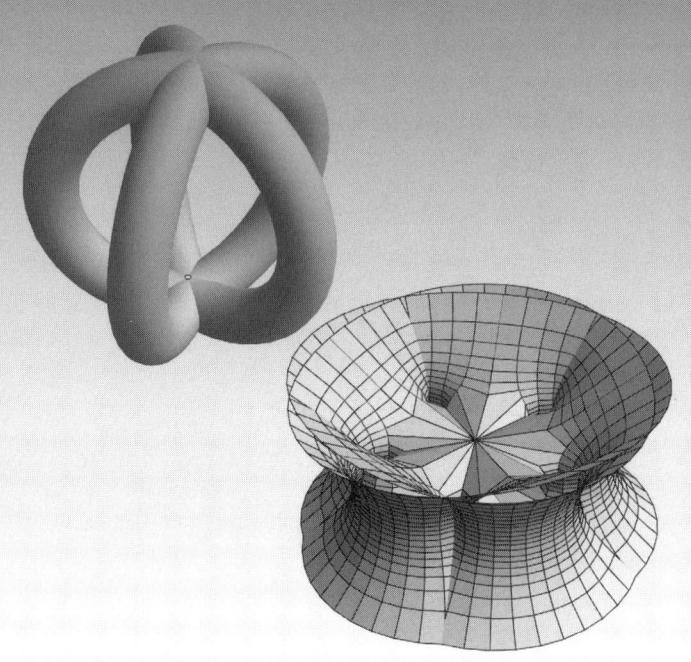

現代数学社

カテノイド

カテノイドは針金でできた二つの円を平行にして石鹸水につけたときにできる石鹸膜の形をした曲面である．縄の両端をもって垂らしたときにできる曲線のことを懸垂曲線 (カテナリー) というが，カテノイドは懸垂曲線を回転させてできる曲面でもある．

# 序文

　宮大工菊池恭二氏はいう「基本は教えないこと．大きな仕事を弟子たちに任せ，背中を押すだけ．必要なのは本人が悟ること．体の記憶として自分で身に付けること．作業で判らないことがあっても，悩み抜いた末の質問でなければ，答えを深く聞くことができない」と．最後の宮大工といわれた伝説の棟梁西岡常一の弟子としてその仕事ぶりを盗んだ人ゆえの言葉であろう．宮大工に限らず，己の腕一本で生き抜く職人にとっては当然の考え方であり，数学にも相通じるものがある．たとえ判りやすい授業や説明を聞きそのときは理解したつもりでいても，それは判った気になっただけであって，自分のものにはなっていない．自分の手を動かして膨大な計算をし，様々な失敗を繰り返すことによって得られた結論こそが己の血となり肉となるのである．

　かつて，数学書には二種類あるといわれた．一つは読みやすいが印象に残らない本，もう一つは読みにくいが印象に残る本である．前者は特に考えなくても読めてしまうために，要所要所でおさえるべき箇所を通り過ぎて，いつの間にか読み終わってしまい後には何も残らない．後者は行間を埋めなければならない箇所があり，自分なりに書く考えるなどの試行錯誤を繰り返して読み進めることによって，読み終わったときにはその本で習得すべき知識の他に，知らず知らず数学的な思考力が身に付いているというものである．おそらく，今現在，数学で身を立てている方々は誰一人例外なく後者の場合に当てはまることであろう．

　しかし，昨今の過保護とも思える教育によって，行間を埋める箇所のある教科書，参考書，授業というものは排除されつつある．そして本来ならば，高校までの一通りの学力をもち，自分の将来につながる能力を自ら身に付けるべき大学生ですらも，自分で考えて習得するということを敬遠し，努力をしないで理解できるものを要求する時代となった．特に，大学からの数学は高校までの計算数学や受験数学と異なり，概念的な面が数多あることから，多くの学生がつまづきそのまま折れていくという筋書きが確立されている．将来，数学教員として教壇に立つべき教育学部の学生もその例外ではなく，数

学の専門的知識を始めとして，高校までの教科書の内容の周辺の知識すらも身に付けずに卒業していくという現状である．学校の教科書にはその詳細をグレーゾーンとし，省略をしている箇所が多々あるが，それを知らずに授業をするということは，そこに地雷があることに気付かずに地雷を跨いでいるのと同じような危機感がある．

このようなことから，大学で学ぶ学問的な数学と高校までの数学との関連付けを教員側が教授しなければ，その価値を把握し切れず大学の数学を否定してしまうような社会人の人口を増加させ，行く末は数学自体が排除されてしまう時代がくる恐れがある．

この本は雑誌「理系への数学」の 2007 年 4 月号から 2008 年 5 月号までに「集合・位相に親しむ」として 12 回にわたって掲載された原稿を加筆修正してまとめたものである．12 回連載の依頼を受けたときは正直戸惑うものがあった．「集合・位相」という分野は数学では必須の分野であり，この理論が基盤になって代数学・幾何学・解析学が展開されているといっても過言ではない．しかも，抽象的概念ゆえに受験数学や暗記数学のみしか学んでこなかった学生にとっては，極めて受け入れ難いものであろう．12 回という限られた回数の中で，何をテーマに一話一話を作っていけばよいのかを苦慮した記憶がある．

そこで本原稿を作成するにあたっては，高校数学 (数 I, 数 II, 数 III, 数 A, 数 B, 数 C) を一通り勉強し終えて，さらに純粋数学を体験したい方に向けた内容にすることを心がけた．高校で習う内容をその節の導入に用いることや，大学で習う数学の理論と高校までの内容とを対比させるなどの工夫をしたつもりである．ただし，「集合・位相」という大学の内容を紹介する以上，全てが高校の数学でカバーできるわけではないので，そこは読者の方々に悪戦苦闘して頂くよりない箇所もあることは否めない．

ここで注意したいことは，この本は「集合・位相」に関する 12 回連載の内容をまとめたものであるがゆえ，その内容は，本来，数学科で学ぶべき内容の 4 割くらいのものしかないということである．よって，この本一冊を読んだからといって「集合・位相」に関する十分な知識が得られるわけではない．昨今，「集合・位相」に関する名著は数多あるので，向上心のある方は必ずそれらの本を勉強することを強くお勧めする次第である．また，本書は連載の趣旨である "各回一話完結" の原稿の型を尊重したことから，節の末尾のまとめ書きや内容が重複した箇所があったり，最低限の系統性をとるため本章で

はなく演習問題にて定義を与えているものもあり，通常の数学書とは異質の流れになっている．この本は「集合・位相」に関する短編集とお考え頂き，サブテキストとしてお楽しみ頂ければ幸いである．

　最後に，原稿作成にあたって有用な意見を頂いた学部時代からの朋友である鈴木圭一郎氏，そしてグラフィックス作成に御尽力頂いた福岡教育大学の藤森祥一氏に感謝すると共に，今回の執筆，出版に強い援助・協力をして下さった現代数学社の富田淳氏にこの場を借りて厚く御礼申し上げたい．

2009 年 12 月

庄田　敏宏

# 目次

## 第1章 集合の話　11
- 1.1 証明にベン図を使うべからず　12
  - 1.1.1 高校数学にて　12
  - 1.1.2 集合　15
  - 1.1.3 定理そして証明　18
- 1.2 無限を考える　22
  - 1.2.1 問題提起　22
  - 1.2.2 写像　23
  - 1.2.3 単射と全射　25
- 1.3 無限の種類　32
  - 1.3.1 濃度　32
  - 1.3.2 有理数の濃度　33
  - 1.3.3 実数の濃度　35
  - 1.3.4 代数的数と超越数　37
- 1.4 商集合　40
  - 1.4.1 はじめに　40
  - 1.4.2 二項関係　41
  - 1.4.3 同値関係　44
  - 1.4.4 商集合　46
- 1.5 濃度の大小　49
  - 1.5.1 大小関係　49
  - 1.5.2 順序関係　50
  - 1.5.3 整列可能定理　52
  - 1.5.4 選択公理とツォルンの補題　55
- 1.6 実数の定義　59

|     | 1.6.1 はじめに ........................... | 59 |
| --- | --- | --- |
|     | 1.6.2 カントールの実数論 ..................... | 61 |
|     | 1.6.3 実数の性質 ......................... | 64 |
|     | 1.6.4 付録 ............................. | 66 |
| 1.7 | 実数の連続性 ............................. | 68 |
|     | 1.7.1 連続とは .......................... | 68 |
|     | 1.7.2 実数の特徴付け ....................... | 70 |
|     | 1.7.3 四則演算 .......................... | 71 |
|     | 1.7.4 順序 ............................. | 72 |
|     | 1.7.5 連続の公理 ......................... | 73 |
|     | 1.7.6 連続の公理の別表現 ..................... | 74 |
|     | 1.7.7 (A) アルキメデスの原理 .................. | 75 |
|     | 1.7.8 (C) 完備性 ......................... | 75 |
|     | 1.7.9 (D) デデキントの公理 ................... | 76 |

# 第 2 章 位相の話 79

| 2.1 | 位相 ................................... | 80 |
| --- | --- | --- |
|     | 2.1.1 はじめに ........................... | 80 |
|     | 2.1.2 位相 ............................. | 82 |
|     | 2.1.3 集積点, 閉集合 ....................... | 85 |
| 2.2 | 写像の連続性 ............................. | 88 |
|     | 2.2.1 関数の連続性 ........................ | 88 |
|     | 2.2.2 $\varepsilon - \delta$ 論法 .......................... | 89 |
|     | 2.2.3 写像の連続性 ........................ | 93 |
| 2.3 | 分離公理 ................................ | 97 |
|     | 2.3.1 公理化による弊害 ...................... | 97 |
|     | 2.3.2 諸定義 ............................ | 99 |
|     | 2.3.3 分離公理 ........................... | 101 |
| 2.4 | 可算公理 ................................ | 106 |
|     | 2.4.1 開集合の基 .......................... | 106 |
|     | 2.4.2 可算公理 ........................... | 107 |
|     | 2.4.3 応用 ............................. | 110 |
| 2.5 | コンパクト性 ............................. | 114 |

|       | 2.5.1 ハイネ・ボレルの定理 . . . . . . . . . . . . . . . . . . | 114 |
|-------|----------------------------------------------------|-----|
|       | 2.5.2 コンパクト性 . . . . . . . . . . . . . . . . . . . . . | 116 |
|       | 2.5.3 諸性質 . . . . . . . . . . . . . . . . . . . . . . . . | 117 |
|       | 2.5.4 付録 . . . . . . . . . . . . . . . . . . . . . . . . . | 119 |

# 第3章 番外編 123
## 3.1 群・環・体の話 . . . . . . . . . . . . . . . . . . . . . . . . 126
### 3.1.1 "常識"の定式化 . . . . . . . . . . . . . . . . . . . . 126
### 3.1.2 群・環・体の定義 . . . . . . . . . . . . . . . . . . . 129
## 3.2 数の話 . . . . . . . . . . . . . . . . . . . . . . . . . . . . . 135
### 3.2.1 自然数 . . . . . . . . . . . . . . . . . . . . . . . . . 135
### 3.2.2 整数 . . . . . . . . . . . . . . . . . . . . . . . . . . 140
### 3.2.3 有理数 . . . . . . . . . . . . . . . . . . . . . . . . . 143

# 第4章 解答 149

# 関連図書 175

# 第1章　集合の話

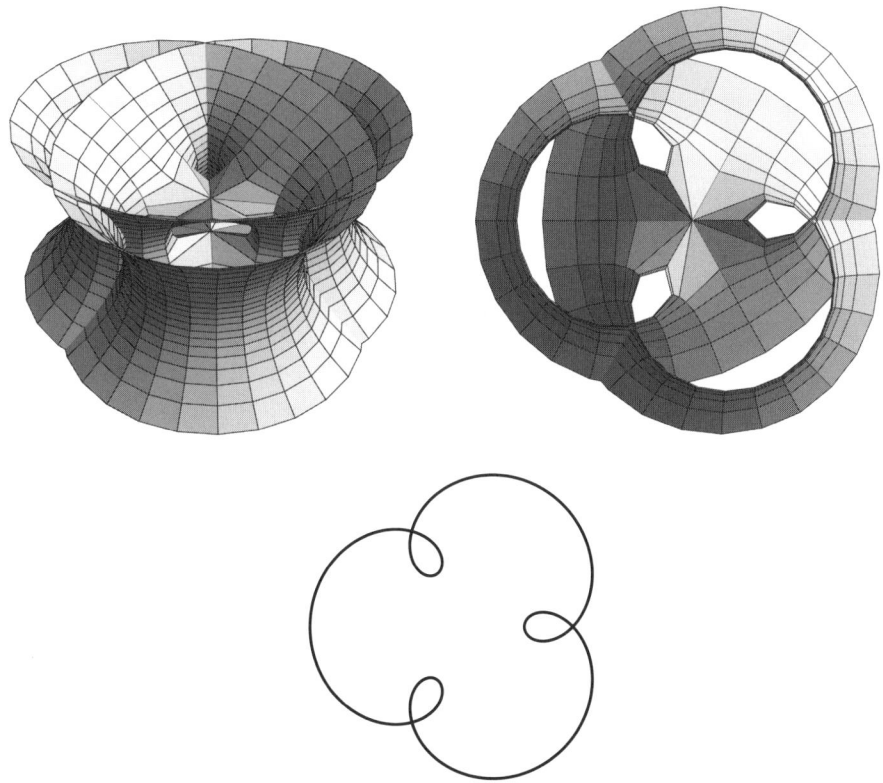

福岡教育大学の藤森祥一氏との共同研究によって構成した
カテノイドを複雑にした曲面．外トロコイドという古典的
平面曲線を含んでいると見られているが，その証明は未だ
解決されていない．

## 1.1 証明にベン図を使うべからず

### 1.1.1 高校数学にて

**問題 1.1.1.**
任意の二つの集合 $A$, $B$ に対して, $A \subset A \cup B$ となることを証明せよ.

読者の方はこの問題をどう解くだろうか. 高校までの数学教育ではベン図を用いて

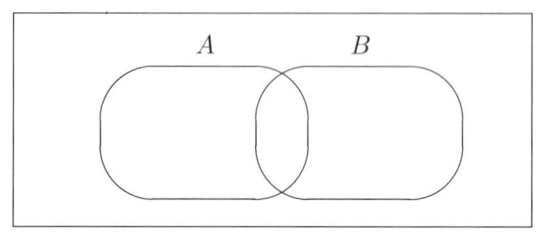

として, 上図により $A$ が $A \cup B$ に含まれているので $A \subset A \cup B$ である, と述べるであろう. もちろん, 高校数学ではこの証明法で十分であるし, この議論はイメージをつかむ上で有力な手法である. しかし, これは上図のみに有効, 即ち, 上の丸い形を $A$ や $B$ とするならば有効な議論であるが, "どのような集合 $A$ と $B$ をもってしても $A \subset A \cup B$ となる" という趣旨の厳密な証明にはなっていない. 例えば $A$ が平面で $B$ が直線のときを考えると,

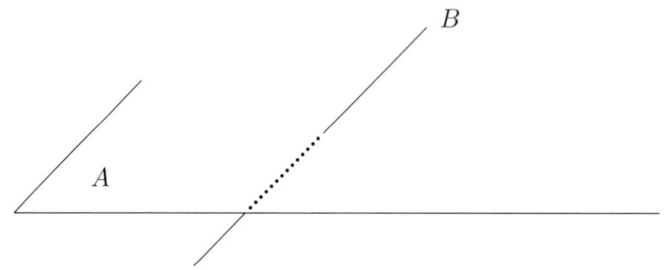

という図を描いて議論するであろう. 上図は平面 $A$ を下敷きのような形で表現し直線 $B$ を長さが有限な線分で表したものであるが, 直線や平面は限りなく広がるものゆえ, このような図は "平面らしきもの" や "直線らしきもの"

のイメージを表現したものでしかなく，厳密に $A$ と $B$ を表した図ではない．この図は $x$ 座標，$y$ 座標，$z$ 座標で作られる 3 次元空間内で表現されているものなので，$A$ と $B$ の共通部分は一点になるなど，ある程度，本質的な事実が図で表現できるシチュエーションであることから，何となく揚げ足をとっているように聞こえるかもしれないが，次の例を見てみよう．$x$ 座標，$y$ 座標，$z$ 座標，$w$ 座標で作られる 4 次元空間 $\mathbb{R}^4$ を考える：

$$\mathbb{R}^4 = \{(x, y, z, w) \mid x, y, z, w\text{ は実数 }\}.$$

$\mathbb{R}^4$ において，以下の二つの 2 次元部分空間 $A$, $B$ を考える：

$$A = \{(x, y, 0, 0) \mid x, y\text{ は実数 }\},$$
$$B = \{(0, 0, z, w) \mid z, w\text{ は実数 }\}.$$

$A$ も $B$ も $\mathbb{R}^4$ の中の 2 次元平面である．ではその共通部分 $A \cap B$ はどうなるかというと，$(x, y, 0, 0)$ の型であり，なおかつ $(0, 0, z, w)$ の型でもあるような点は $(0, 0, 0, 0)$ の一点しかない．つまり，この場合は平面と平面の共通部分が一点で構成される．ではこれを図で描くとどうなるか．

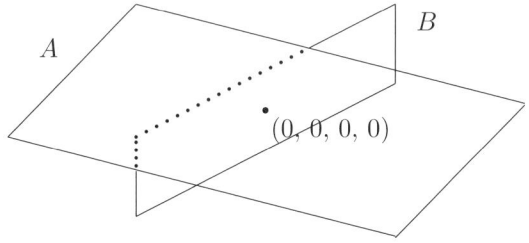

や

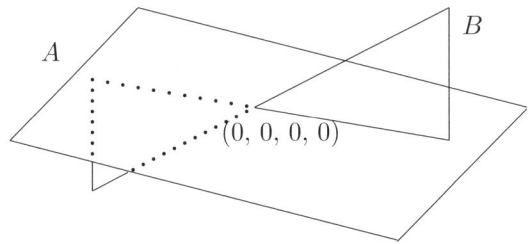

のような，非常に違和感ある図しか筆者は思い浮かばない．前者は $A$ と $B$ を

3次元空間の中の2次元平面のように表現したものであるが，その共通部分 $A \cap B$ は直線になるべきところを一点 $(0, 0, 0, 0)$ で表している．後者は $A$ を平面としているその一方で，$A \cap B$ が一点になることを強調すべく平面 $B$ を三角形二つで表現しているものである．この二図の $A$ と $B$ の表現に厳密性は一切なく，そしてこの厳密性のない図を論拠に得られた結論にも厳密性はない．

この他，$A$ や $B$ には無限個のシチュエーションがあるわけであるが，ベン図を始めとした図を用いた議論は，これらのイメージをつかむための手段でしかなく，厳密な証明を与えているわけではないのである．

全てのことを図で説明することにはある程度の限界があり，時には物事の本質を曇らせることもある．例えば次の有名な嵌め手問題を見てみよう．

**問題 1.1.2.**
全ての三角形は二等辺三角形であることを証明せよ．

*Proof.*

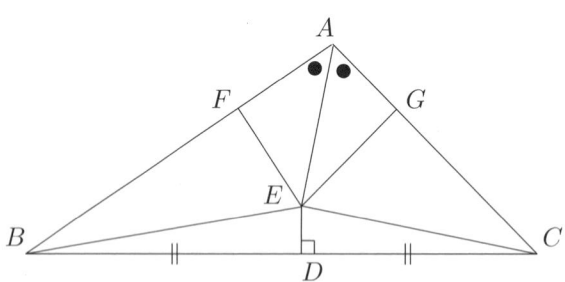

任意の三角形 $\triangle ABC$ を考える．線分 $BC$ の中点 $D$ をとり，線分 $BC$ の垂直二等分線と $\angle BAC$ の二等分線との交点を $E$ とする．次に，点 $E$ から線分 $AB$，線分 $AC$ に各々垂線を下ろし，その足を $F$，$G$ とおく．

$\triangle BDE$ と $\triangle CDE$ において，垂直二等分線の性質から $BD = CD$ であり，$DE$ は共通の辺，さらに $\angle BDE = \angle CDE$ (直角) なので，二辺とその間の角がそれぞれ等しいことから $\triangle BDE \equiv \triangle CDE$ が成り立つ．

次に，二つの直角三角形 $\triangle AEF$ と $\triangle AEG$ において，双方の斜辺である $AE$ は共通の辺であり，二等分線の性質から $\angle EAF = \angle EAG$ となる．よって斜辺と他の一鋭角がそれぞれ等しいので $\triangle AEF \equiv \triangle AEG$ が従う．

さらに，二つの直角三角形 △BEF と △CEG において，△AEF ≡ △AEG であることから EF = EG である．また，△BDE ≡ △CDE により BE = CE となるので双方の斜辺が等しい．以上により，斜辺と他の一辺がそれぞれ等しいことから △BEF ≡ △CEG となる．

ここで，AB = AF + BF, AC = AG + CG であることに注意する．△AEF ≡ △AEG から AF = AG であり，△BEF ≡ △CEG により BF = CG となる．

よって
$$AB = AF + BF = AG + CG = AC$$
となるので △ABC は AB = AC の二等辺三角形である．△ABC は任意にとってきたので全ての三角形が二等辺三角形であることが示された．□

もちろんこの証明は嘘である．どこに不首尾があるのであろうか？考えられたい．全ては図のなせる業である．

話を問題 1.1.1 に戻そう．ベン図では証明にならないと論じた．ではどのように証明したらよいのかということになる．そこでもう一度集合の定義から見直すことにしよう．

## 1.1.2　集合

ある特定の性質をもつものの集まりを**集合**という．例えば "実数全体の集合" や "身長 170cm 以上の人間全体の集合" などは集合である．しかし，"もの" であれば全て集合を構成するというわけではなく，"美しい実数全体の集合" や "背の高い人全体の集合" などは集合ではない．あくまで "特定の性質" がはっきり判断できるものが対象である．"実数" や "身長 170cm 以上" などは判断基準が明確であるが "美しい" や "背の高い" などは判断基準が不明確なので対象外になる．

集合を構成する "もの" をその集合の**要素**あるいは**元**という．$x$ が集合 $A$ の要素であることを "$x$ は $A$ に属する"，"$A$ は $x$ を含む" ともいい，$x \in A$ で表す．また，$x$ が $A$ の要素でないときは $x \notin A$ と書く．

集合は二つの方法で表される．例えば自然数 $1, 2, 3$ で構成される集合 $A$ を

$$A = \{1, 2, 3\}$$

のように要素を一つ一つ並べて表すやり方と

$$A = \{n \mid n \text{ は } 1 \text{ 以上で } 3 \text{ 以下の自然数}\}$$

と要素の性質を述べるやり方である．要素を一つ一つ並べる表し方はその集合の構成要素がはっきり判る反面，要素の個数が多いと不都合がある．実際，前述した"身長が 170cm 以上の人間全体の集合"を要素を一つ一つ並べる表し方をするのは，70 億近い地球の人口分のデータを調べないといけないので，可能ではあろうがかなりの困難が予想される．それに対して，要素の性質を述べる表し方では

$$\{x \mid x \text{ は身長が 170cm 以上の人間}\}$$

と簡単に表示される．

以上で集合が定義されたので以下では集合間の包含関係や相等を考えよう．

**定義 1.1.1.**
二つの集合 $A, B$ に対して $A$ の要素が全て $B$ の要素である，即ち，

(1.1) $\qquad x \in A$ ならば，常に $x \in B$ が成り立つ

とき，$A$ は $B$ の**部分集合**であるといい，$A \subset B$ で表す．尚，$A \subset B$ のことを $A$ は $B$ に**含まれる**ともいう．また，(1.1) は対偶をとることによって

(1.2) $\qquad x \notin B$ ならば，常に $x \notin A$ が成り立つ

としてもよい．

特に，どんな $x \in A$ に対しても $x \in A$ が成り立つので $A \subset A$ が成り立つ．

**定義 1.1.2.**
二つの集合 $A, B$ が全く同じ要素から構成された集合であるとき，$A$ と $B$ は**等しい**といい，$A = B$ で表す．即ち，

(1.3) $\qquad A \subset B$ かつ $B \subset A$ が成り立つ

## 1.1. 証明にベン図を使うべからず

とき，$A = B$ であるという．これに対して，$A = B$ でないことを $A \neq B$ と書く．

$A \subset B$ かつ $A \neq B$ のとき，$A$ は $B$ の**真部分集合**であるといい，$A \subsetneq B$ で表す[1]．

次に集合の演算ともいえる和集合，共通部分，および差集合を定義する．

**定義 1.1.3.**

二つの集合 $A$, $B$ に対して，$A$, $B$ のいずれかに属する要素を全部集めて作った集合を $A$ と $B$ の**和集合**といい，$A \cup B$ で表す．即ち，

$$A \cup B = \{x \mid x \in A \text{ あるいは } x \in B\}$$

である．また，$A$, $B$ に共通な要素を全部集めて作った集合を $A$ と $B$ の**共通部分**といい，$A \cap B$ と書く．つまり，

$$A \cap B = \{x \mid x \in A \text{ かつ } x \in B\}$$

である．さらに，$A$ に含まれて $B$ に含まれない要素全体の集合を $A$ と $B$ の**差集合**といい，$A - B$ で表す．即ち，

$$A - B = \{x \mid x \in A \text{ かつ } x \notin B\}$$

である．

一方，何もないことを表す 0 の発見によって代数学が大きな進展をしたのと同じように，要素が一つもないような集合を考えておくと便利である．そこで，要素を一つも含まない集合のことを**空集合**といい，ø で表す．空集合は全ての集合の部分集合であると約束する．

集合 $A$, $B$ において $A \cap B = ø$ とは $A$, $B$ に共通な要素が一つもないことを意味する．このとき $A$, $B$ は**共通部分をもたない**，$A$, $B$ は**交わらない**，$A$, $B$ は**互いに素**である，などという．

ここまで定義を羅列してきたが，次の部分節では集合のもつ性質を定理として見ていくことにする．

---

[1] $A$ が $B$ の部分集合であることを $A \subseteqq B$ と表し，$A$ が $B$ の真部分集合であることを $A \subset B$ と表すこともある．

## 1.1.3　定理そして証明

まずは和集合と共通部分に関する基本的な性質を述べる.

**定理 1.1.1.**
　集合 $A, B$ に対して，以下が成り立つ.
　(1) $A \subset A \cup B$.　(2) $B \subset A \cup B$.　(3) $A \cup B = B \cup A$.　(4) $A \cap B \subset A$.
　(5) $A \cap B \subset B$.　(6) $A \cap B = B \cap A$.

ではこれらをどうやって証明すればよいのか．もちろん前述の通りベン図による証明は無効である．しかし難しく考えることはなく，定義に基いて示せばよいのである.

　(1) の証明
　　方針："どんな $x \in A$ に対しても $x \in A \cup B$" が成り立つことを示す.

*Proof.* $x \in A$ を任意にとると，"$x \in A$ あるいは $x \in B$" を満たすので $x \in A \cup B$ となる．よって $A \subset A \cup B$ が成り立つ.　　□

　(2) は (1) と同様に示される.
　(3) は両辺とも "$A$ あるいは $B$ に含まれる要素全体の集合"，(6) は両辺とも "$A$ にも $B$ にも含まれる要素全体の集合" という意味なので一致する.
　(4) の証明
　　方針："どんな $x \in A \cap B$ をとっても $x \in A$" が成り立つことを示す.

*Proof.* $x \in A \cap B$ なる任意の $x$ をとると，共通部分の定義から "$x \in A$ かつ $x \in B$" なので $x \in A$ となる．よって $A \cap B \subset A$ が従う.　　□

　(5) は (4) と同じ手法による.

「ベン図を使ってはいけない」といわれると何をやってよいか判らなくなるかもしれない．タネを明かせば「何だそんなことか」と思われるやもしれないが，定義で与えられていることを示せばよいのである.
　では次はどうであろうか？ "二つの集合が等しい" ということをどう証明すればよいのであろうか？

## 1.1. 証明にベン図を使うべからず

**定理 1.1.2.**
　三つの集合 $A$, $B$, $C$ に対して，以下が成り立つ．
(1) (結合法則)
　$(A \cup B) \cup C = A \cup (B \cup C)$, $(A \cap B) \cap C = A \cap (B \cap C)$.
(2) (分配法則)
　$(A \cup B) \cap C = (A \cap C) \cup (B \cap C)$, $(A \cap B) \cup C = (A \cup C) \cap (B \cup C)$.
(3) (ド・モルガンの法則)
　$A - (B \cup C) = (A - B) \cap (A - C)$, $A - (B \cap C) = (A - B) \cup (A - C)$.

　くどいようであるが

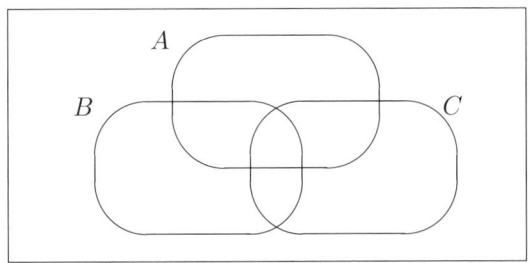

を使うのは論外である．ポイントは定義 1.1.2 (1.3) である．
　(1) の証明
方針："$(A \cup B) \cup C \subset A \cup (B \cup C)$ かつ $A \cup (B \cup C) \subset (A \cup B) \cup C$"を示す．

*Proof.* まず $(A \cup B) \cup C \subset A \cup (B \cup C)$ を示す．$x \in (A \cup B) \cup C$ なる $x$ を任意にとる．このとき，"$x \in A \cup B$ あるいは $x \in C$"となる．

　最初に $x \in A \cup B$ の場合を考える．和集合の定義から "$x \in A$ あるいは $x \in B$"である．$x \in A$ とすると，定理 1.1.1 (1) から[2] $A \subset A \cup (B \cup C)$ となるので $x \in A \cup (B \cup C)$ が従う (以下，紙面の都合上，定理 1.1.1 (1), (2) の引用を省略することが多い)．$x \in B$ とすると，$x \in B \cup C$ となるので $x \in A \cup (B \cup C)$ となる．

　また，$x \in C$ の場合を考えると，$x \in B \cup C$ となることから $x \in A \cup (B \cup C)$ が成り立つ．

　以上により，$(A \cup B) \cup C \subset A \cup (B \cup C)$ が示された．

---
[2] 定理 1.1.1 (1) における $B$ の代わりに $B \cup C$ とした．

次に $A \cup (B \cup C) \subset (A \cup B) \cup C$ を証明する．$x \in A \cup (B \cup C)$ となる $x$ を任意にとる．このとき，"$x \in A$ あるいは $x \in B \cup C$" である．

$x \in A$ の場合，$x \in A \cup B$ となるので $x \in (A \cup B) \cup C$ が従う．

$x \in B \cup C$ の場合，"$x \in B$ あるいは $x \in C$" となる．$x \in B$ とすると，$x \in A \cup B$ となることから $x \in (A \cup B) \cup C$ である．$x \in C$ とすると，$x \in (A \cup B) \cup C$ が成り立つ．

以上により，$A \cup (B \cup C) \subset (A \cup B) \cup C$ が示された．

よって，$(A \cup B) \cup C = A \cup (B \cup C)$ が証明された．

次式は読者に演習として提出する． □

(2) の証明

方針："$(A \cup B) \cap C \subset (A \cap C) \cup (B \cap C)$ かつ $(A \cap C) \cup (B \cap C) \subset (A \cup B) \cap C$" を示す．

*Proof.* まず $(A \cup B) \cap C \subset (A \cap C) \cup (B \cap C)$ を証明しよう．$x \in (A \cup B) \cap C$ なる $x$ を任意にとると，"$x \in A \cup B$ かつ $x \in C$" である．$x \in A \cup B$ なので "$x \in A$ あるいは $x \in B$" となる．$x \in A$ の場合，$x \in C$ であることと合わせると $x \in A \cap C$ が従う．また，$x \in B$ の場合，$x \in C$ であることと合わせると $x \in B \cap C$ が成り立つ．このことから $x \in (A \cap C) \cup (B \cap C)$ となり，$(A \cup B) \cap C \subset (A \cap C) \cup (B \cap C)$ が示された．

次に $(A \cap C) \cup (B \cap C) \subset (A \cup B) \cap C$ を示そう．$x \in (A \cap C) \cup (B \cap C)$ となる任意の $x$ をとると，"$x \in A \cap C$ あるいは $x \in B \cap C$" である．$x \in A \cap C$ の場合，"$x \in A$ かつ $x \in C$" であり，$x \in B \cap C$ の場合，"$x \in B$ かつ $x \in C$" である．いずれの場合も $x \in C$ となる．後は "$x \in A$ あるいは $x \in B$" となるので $x \in A \cup B$ となる．よって $x \in (A \cup B) \cap C$ が従う．ゆえに $(A \cap C) \cup (B \cap C) \subset (A \cup B) \cap C$ が示されたので，$(A \cup B) \cap C = (A \cap C) \cup (B \cap C)$ が成り立つ．

次式も同じ要領で証明すればよい． □

(3) の証明

方針："$A - (B \cup C) \subset (A - B) \cap (A - C)$ かつ $(A - B) \cap (A - C) \subset A - (B \cup C)$" を示す．

*Proof.* 最初に $A-(B\cup C) \subset (A-B)\cap(A-C)$ を証明しよう．$x\in A-(B\cup C)$ となる $x$ を任意にとると，差集合の定義から "$x\in A$ かつ $x\notin B\cup C$" である．定理 1.1.1 (1), (2) により "$B\subset B\cup C$ かつ $C\subset B\cup C$" であることに注意する．このことと $x\notin B\cup C$ であることから，定義 1.1.1 (1.2) により "$x\notin B$ かつ $x\notin C$" である．よって $x\in A$ であることと合わせれば，$x\in (A-B)\cap (A-C)$ となるので $A-(B\cup C) \subset (A-B)\cap(A-C)$ が示された．

逆に $(A-B)\cap(A-C) \subset A-(B\cup C)$ を証明しよう．$x\in (A-B)\cap(A-C)$ となる $x$ を任意にとる．まず $x\in A-B$ なので "$x\in A$ かつ $x\notin B$" であり，次に $x\in A-C$ により "$x\in A$ かつ $x\notin C$" である．双方から $x\in A$ が導けるが，$x\notin B\cup C$ でもある．実際，$x\in B\cup C$ だとすると，"$x\in B$ あるいは $x\in C$" となるが，いずれも $x\notin B$ や $x\notin C$ に反するからである．よって "$x\in A$ かつ $x\notin B\cup C$" となるので $x\in A-(B\cup C)$ となる．ゆえに $(A-B)\cap(A-C) \subset A-(B\cup C)$ が示された．

以上により，$A-(B\cup C) = (A-B)\cap(A-C)$ が証明された．

次式は演習とする． □

ざっと証明を述べてきたがどうであろうか？一見すると，文章のみが羅列されていて拒絶反応を示すかもしれない．しかし，やる気を奮い起こしてよくよく読んでみれば，そんなに難しいことは書かれておらず何となくパズルみたいな手順が続いていることに気付くと思う．一回コツをつかめば自分で色々とやり繰りができるのではなかろうか．

今回は高校数学の範囲を少しはみ出て，厳密な議論を考えてみた．図を用いることは理解をする上で非常に有力な手段であるが，それはイメージをつかむためのものでしかなく厳密な議論ではないのである．

**演習 1.**
集合 $A$, $B$ をそれぞれ，12 の約数全体の集合，18 の約数全体の集合とする．このとき，$A\cup B$, $A\cap B$, $A-B$ を求めよ．

**演習 2** (巾集合).

集合 $A$ の部分集合全体の集合を $A$ の**巾 (べき) 集合**といい，$2^A$ で表す[3]．

このとき，集合 $A = \{0, 1, 2, 3\}$ の巾集合の要素を全て書け．また，$B$ を $n$ 個の要素からなる集合とすると，その巾集合の要素の個数を求めよ．

**演習 3.**

自然数全体の集合を $\mathbb{N}$，整数全体の集合を $\mathbb{Z}$，有理数全体の集合を $\mathbb{Q}$，無理数全体の集合を $\mathbb{R} - \mathbb{Q}$，そして実数全体の集合を $\mathbb{R}$ とする．このとき，これらの大小関係を部分集合の記号 $\subset$ を用いて表せ．

**演習 4** (補集合).

集合 $X$ とその部分集合 $A$ をとる．このとき，$X - A$ のことを $A$ の $X$ における**補集合**といい $A^c$ で表す[4]．また，$X$ のことを**普遍集合**という．

今，$X$ を普遍集合として，その二つの部分集合 $A, B$ をとる．このとき，$A \subset B$ であることと $B^c \subset A^c$ であることとは同値であることを示せ．

## 1.2 無限を考える

### 1.2.1 問題提起

まず二つの集合

$$A = \{1, 2, 3\}, \quad B = \{-3, -2, -1, 0, 1, 2, 3\}$$

の包含関係を考えてみよう．$A$ は $B$ の真部分集合であるので $A$ よりも $B$ の方が大きい．次に個数を考えると，$A$ は 3 個，$B$ は 7 個の元で構成されているので $B$ の方が個数が多い．

---

[3] 本問で見るように，$A$ が $n$ 個の元からなる集合の場合，巾集合の元の個数は $2^n$ 個になることから，$2^A$ という記号を用いる．
[4] 高校では補集合のことを $\overline{A}$ で表す方が一般的だが，集合・位相論では，$\overline{A}$ は "閉包" を表す記号とし (§2.3 参照)，補集合を $A^c$ で表すのが一般的である．

## 1.2. 無限を考える

では今度は自然数全体の集合を $\mathbb{N}$, 整数全体の集合を $\mathbb{Z}$ とおき, まずはこの二つの集合の包含関係を考えてみる.

$$\mathbb{N} = \{1, 2, 3, \cdots\}, \quad \mathbb{Z} = \{\cdots, -3, -2, -1, 0, 1, 2, 3, \cdots\}$$

であることから $\mathbb{N}$ は $\mathbb{Z}$ の真部分集合となるので $\mathbb{Z}$ の方が大きい. 次に個数はどうであろうか？読者の方には「$\mathbb{N}$ は $\mathbb{Z}$ の真部分集合だから $\mathbb{Z}$ の個数の方が多い」と思う方も当然おられるであろう.

自然数も整数も我々にとっては非常に馴染みのある数ではあるが, 我々はこれらをどの程度認識しているだろうか？我々は数を数えることはできるが, 自然数や整数を全て数え上げることはできない. 何故なら $\mathbb{N}$ も $\mathbb{Z}$ も元が無限個あるからである. 即ち, 我々が一生をかけて数を数え続けても全ての自然数や整数を見出すことができないわけである.

元を有限個しか含まない集合および空集合を**有限集合**といい, そうでない集合を**無限集合**という. 上記の集合では, 有限集合である $A$ や $B$ を認識することは簡単である. しかし, $\mathbb{N}$ や $\mathbb{Z}$ を同じように認識できるであろうか？そこには有限の概念しか用いることができない我々が如何にして無限を理解するかという集合論における課題があったのである.

### 1.2.2 写像

我々は二つの対象が与えられたとき, この二つを比較することを考える. 例えば $A$ 組と $B$ 組の人数を比較することもあるだろうし, 合コンをやったときに一方のグループの異性の数ともう一方のグループの異性の数とを比べることもあるだろう. こうした二つのものを比較するという手段を集合に適用したものが写像である.

**定義 1.2.1** (写像).
二つの集合 $A$, $B$ が与えられたとき, $A$ のどんな元に対しても $B$ の元が一つ対応する規則が与えられたとき, この規則のことを $A$ から $B$ への**写像**あるいは**関数**[5]という. $f$ が $A$ から $B$ への写像であることを $f: A \longrightarrow B$ で表し, $A$ を $f$ の**定義域**あるいは**始域**, $B$ を $f$ の**値域**あるいは**終域**という.

---
[5]関数とは, function の中国語音訳「函数」(ファンスー) を, 音が同じであるということから「関数」と書くようになったものである.

写像 $f: A \longrightarrow B$ によって $A$ の元 $a$ に $B$ の元 $b$ が対応するとき，$b$ を $f$ による $a$ の**像**といい，$b = f(a)$ で表す．このとき，$a$ を $f$ による $b$ の**原像**という．写像 $f: A \longrightarrow B$ において原像と像を強調したい場合，

$$f: A \longrightarrow B$$
$$a \longmapsto b$$

で表す．

### 例 1.2.1.

二つの集合 $A$, $B$ を $A = \{$ 男 $a$, 男 $b\}$，$B = \{$ 女 $a$, 女 $b\}$ とする．このとき，男 $a$ が 女 $a$ に，男 $b$ が 女 $b$ に声をかけるという規則 $f$ は写像となる：

$$f: A \longrightarrow B$$
$$男 a \longmapsto 女 a$$
$$男 b \longmapsto 女 b$$

また，男 $a$ が 女 $a$ に，男 $b$ が 女 $a$ に声をかけるという規則 $g$ も写像となる：

$$g: A \longrightarrow B$$
$$男 a \longmapsto 女 a$$
$$男 b \nearrow 女 b$$

このような，一人の男が必ず一人の女に声をかけるという規則が写像である．女 $a$ も 女 $b$ も気に入らないからといって，男 $a$ が誰にも声をかけないというのは写像ではない．また，どちらの女性も気に入ってしまい，男 $a$ が 女 $a$ と 女 $b$ の両方に声をかけるのも写像ではない．即ち，浮気は写像にはならない．写像を構成するには，あくまで一人の人間は一人の人間に声をかけなければならないわけである．

ここで，中学校や高校で習う数列，関数を写像の言葉に直してみよう．

### 例 1.2.2 (数列).

高校で習う数列 $a_1, a_2, a_3, \cdots$ (各 $a_i$ は実数) を考えてみる．これは自然数 1 に対して実数 $a_1$ を，自然数 2 に対して実数 $a_2$ を，$\cdots$ というように自

## 1.2. 無限を考える

然数に対して実数を対応させる規則なのである. 即ち, $\mathbb{R}$ を実数全体の集合とすると,

$$a_* : \mathbb{N} \longrightarrow \mathbb{R}$$
$$i \longmapsto a_i$$

となる ($a_*$ という記号は $*$ に自然数を代入するという意味で使用した).

次に関数であるが, 数列は定義域が $\mathbb{N}$ なので数直線上で考えれば $1, 2, 3, \cdots$ のように飛び飛びの点の集合である. これを実数の適当な部分集合上で考えたものが高校までに習う "関数" である.

**例 1.2.3** (関数).
実数全体の集合を $\mathbb{R}$ とし, $A$ を $\mathbb{R}$ の部分集合とする. このとき, 任意の $A$ の元に対して $\mathbb{R}$ の元を一つ対応させる規則を $A$ 上の**関数**という. この関数を $f$ で表し, 像 $y$ とその原像 $x$ をとると

$$f : A \longrightarrow \mathbb{R}$$
$$x \longmapsto y$$

となる. 像と原像の関係は $y = f(x)$ であり, これは馴染みのある書式であろう.

高校までの教科書には, $x$ を一つ決めれば $y$ が一つ決まるという規則のことを関数と定義し, 定義域や値域を不明確にする手法がとられているものがある. また,「$x$ の関数 $f(x) = \sqrt{1-x^2}$ の定義域を求めよ」という類の問題が見られるが, 本来, 写像とは定義域と値域を与えてから定義されるものであるから, 明らかに手順前後であろう.

### 1.2.3 単射と全射

前部分節では二つの集合を比較する "写像" という概念を導入した. この部分節ではさらにその詳細な情報を比較する概念として, 単射と全射という写像を考える. まずは具体例を見ていこう.

## 例 1.2.4.

二つの集合 $A$, $B$ を $A = \{$男$a$, 男$b\}$, $B = \{$女$a$, 女$b$, 女$c\}$ とする．このとき，男 $a$ が 女 $a$ に告白し，男 $b$ が 女 $b$ に告白するという写像を $f$ とする：

$$
\begin{aligned}
f : A &\longrightarrow B \\
\text{男}\, a &\longmapsto \text{女}\, a \\
\text{男}\, b &\longmapsto \text{女}\, b \\
&\phantom{\longmapsto} \text{女}\, c
\end{aligned}
$$

## 例 1.2.5.

例 1.2.4 の $A$, $B$ に対して，男 $a$ が 女 $a$ に告白し，男 $b$ が 女 $a$ に告白するという写像を $g$ とする：

$$
\begin{aligned}
g : A &\longrightarrow B \\
\text{男}\, a &\longmapsto \text{女}\, a \\
\text{男}\, b &\phantom{\longmapsto} \nearrow \text{女}\, b \\
&\phantom{\longmapsto} \text{女}\, c
\end{aligned}
$$

この二つの例は何が違うのかというと，別々の男性が別々の女性に告白しているかどうかということである．

## 定義 1.2.2 (単射).

集合 $A$ から集合 $B$ への写像 $f : A \longrightarrow B$ において，$A$ の任意の元 $x$, $y$ に対して

(1.4) $\qquad x \neq y \Longrightarrow f(x) \neq f(y)$

が成り立つとき，$f$ は**単射**であるという．条件 (1.4) は対偶をとって

(1.5) $\qquad f(x) = f(y) \Longrightarrow x = y$

としてもよい．

この定義から，例 1.2.4 は単射であり，例 1.2.5 は単射でないことが判る．この例で見ると，単射が存在すれば別々の人間が別々の人間に対応するので，値域 $B$ には少なくとも定義域 $A$ 分の人数がいなければならない．

## 1.2. 無限を考える

次に以下の例を考えよう.

**例 1.2.6.**
二つの集合 $A, B$ を $A = \{$ 男 $a$, 男 $b$, 男 $c\}$, $B = \{$ 女 $a$, 女 $b\}$ とする. このとき,男 $a$ が 女 $a$ に告白し,男 $b$ が 女 $b$ に告白し,男 $c$ が 女 $b$ に告白するという写像を $f$ とする:

$$f: A \longrightarrow B$$
$$男\, a \longmapsto 女\, a$$
$$男\, b \longmapsto 女\, b$$
$$男\, c$$

**例 1.2.7.**
例 1.2.6 の $A, B$ において,$A$ の男全員が 女 $b$ に告白するという写像を $g$ とする:

$$g: A \longrightarrow B$$
$$男\, a \qquad 女\, a$$
$$男\, b \longmapsto 女\, b$$
$$男\, c$$

この二つの写像の違いは,例 1.2.6 の女性は全員告白されているのに対して例 1.2.7 の方は 女 $a$ が誰からも声をかけられていないことである. 即ち,値域 $B$ にあぶれてしまった元があるかないかである.

**定義 1.2.3** (全射).
集合 $A$ から集合 $B$ への写像 $f: A \longrightarrow B$ において,$B$ のどんな元 $b$ に対しても $b = f(a)$ となる $A$ の元 $a$ が存在するとき,$f$ は**全射**であるという.

この定義から,例 1.2.6 は全射,例 1.2.7 は全射でないことが判る. この例で考えると,全射である場合は定義域 $A$ には値域 $B$ 分の人数がいなければならない.

以上の観点から改めて上記の四つの例をまとめると,例 1.2.4 は単射ではあるが全射でない. 例 1.2.5, 1.2.7 は全射でも単射でもなく,例 1.2.6 は全射

ではあるが単射でない．ではこのような例で単射かつ全射となるような場合はどうなるかというと，それは次の例になる：

例 1.2.8.
　二つの集合 $A$, $B$ を $A = \{$男 $a$, 男 $b$, 男 $c\}$, $B = \{$女 $a$, 女 $b$, 女 $c\}$ とする．このとき，男 $a$ が 女 $a$ に告白し，男 $b$ が 女 $b$ に告白し，男 $c$ が 女 $c$ に告白するという写像を $h$ とする：

$$h : A \longrightarrow B$$
$$男 a \longmapsto 女 a$$
$$男 b \longmapsto 女 b$$
$$男 c \longmapsto 女 c$$

この写像 $h$ は単射かつ全射である．この場合，$A$ と $B$ の人数は等しい．

　そこでこのような写像を定義として与えよう：

定義 1.2.4 (全単射).
　集合 $A$ から集合 $B$ への写像 $f : A \longrightarrow B$ が単射かつ全射であるとき，$f$ は**全単射**であるという．全単射のことを **1 対 1 の対応**であるともいう．

　例 1.2.8 に見られるように $A$ と $B$ が共に有限集合の場合，$A$ から $B$ への全単射が存在すれば $A$ と $B$ の個数は一致する．即ち，二つの集合は "同じ" と見なせるわけである．通常，数において $a, b$ が "同じ" であるとは文字通り $a = b$ となることである．しかし，集合の場合，$A = B$ でなくても集合のもつ意味合いが同じであれば "同じ集合" と見なすのである．事実，二つの集合 $A$, $B$ 間に 1 対 1 の対応があれば，$A$ と $B$ の元全てが一つずつ対応し合っていることから，この二つの集合は "同じ集合" と見なせるのである．

　全単射が存在するような二つの集合は同じ集合と考え，全単射が存在しないような二つの集合は別の集合と考える．この概念を無限集合も含めた一般の集合に適用してみよう．

定義 1.2.5.
　自然数全体の集合 $\mathbb{N}$ からの 1 対 1 の対応が存在するような集合のことを**可算集合**という．また，有限集合あるいは可算集合のことを**高々可算集合**という．

## 1.2. 無限を考える

可算集合という名前の由来であるが，$A$ を可算集合とすると自然数全体の集合 $\mathbb{N}$ から $A$ への全単射 $f : \mathbb{N} \longrightarrow A$ が存在する：

$$\begin{array}{ccccc} \mathbb{N} & 1 & 2 & 3 & \cdots \\ & \updownarrow & \updownarrow & \updownarrow & \cdots \\ A & f(1) & f(2) & f(3) & \cdots \end{array}$$

このとき，$A$ の元は $f(1)$, $f(2)$, $\cdots$ で全て尽くされる．このように $A$ の元は全て 1, 2, $\cdots$ を用いて番号付けされるので，"数えることができる集合" ということで "可算集合" といわれているのである[6]．

ここで，有限集合と無限集合の違いを見てみよう．正の偶数全体の集合を $\mathbb{N}_{even}$ とおき，自然数全体の集合 $\mathbb{N}$ との対応を考えると，$\mathbb{N}_{even}$ は $\mathbb{N}$ の真部分集合ではあるが，

$$\begin{array}{ccccc} \mathbb{N} & 1 & 2 & 3 & \cdots \\ & \updownarrow & \updownarrow & \updownarrow & \cdots \\ \mathbb{N}_{even} & 2 & 4 & 6 & \cdots \end{array}$$

即ち，

$$\mathbb{N} \longrightarrow \mathbb{N}_{even}$$
$$n \longmapsto 2n$$

によって 1 対 1 の対応が作れるのである．このことから $\mathbb{N}_{even}$ と $\mathbb{N}$ とは同じ集合ということになる．前述の通り，有限集合では全単射が存在すれば二つの集合の個数は等しいゆえ，一方が一方の真部分集合になることは起こり得ない．

このような無限に関する議論を考えた最初の人はガリレオ (G. Galilei, 1564–1642) であるといわれている．ガリレオは「全体は部分よりも大きい」という，Euclid 原論からの原則が無限では通用しないということを提起したわけであるが，この理論はそれ以上進展せず，かえって無限を敬遠させるものになったという．その後，1851 年にボルツァノ (B. Bolzano, 1781–1848) は「無限のパラドックス」という著書において無限という概念に取り組んだ．ボルツァノは部分が全体と等しくなることがあるということが，無限を有限と区別す

---

[6] "番号付けできる集合" ということで，可算集合のことを可付番集合ということもある．

る性質であると述べている．この発想は後にデデキント (J. W. R. Dedekind, 1831–1916) も考えている．デデキントは著書「数とは何か，何であるべきか」(1887) において，無限集合を"全体とその部分との間に 1 対 1 の対応が存在するような集合"として定義している．

無限と有限の違いがご理解頂けたであろうか？最後に §1.2.1 にて言及した自然数全体の集合 $\mathbb{N}$ の個数と整数全体の集合 $\mathbb{Z}$ の個数の違いを考えよう．次の命題は衝撃的ではあろうが，本講を読んできた方にとっては十分納得のいく結果ではなかろうか．

**命題 1.2.1.**
整数全体の集合 $\mathbb{Z}$ は可算集合である．

*Proof.*
実際，

| $\mathbb{Z}$ | $\cdots$ | $-2$ | $-1$ | $0$ | $1$ | $2$ | $\cdots$ |
|---|---|---|---|---|---|---|---|
| | $\cdots$ | $\updownarrow$ | $\updownarrow$ | $\updownarrow$ | $\updownarrow$ | $\updownarrow$ | $\cdots$ |
| $\mathbb{N}$ | $\cdots$ | $5$ | $3$ | $1$ | $2$ | $4$ | $\cdots$ |

のように整数全てを番号付けできるからである．この対応の詳細な構成を考えよう．まず自然数を偶数と奇数に分けておく．つまり，正の偶数全体の集合を $\mathbb{N}_{\text{even}}$ とし，正の奇数全体の集合を $\mathbb{N}_{\text{odd}}$ として，$\mathbb{N} = \mathbb{N}_{\text{even}} \cup \mathbb{N}_{\text{odd}}$ と分解しておく．このとき，上記の対応は

$$\begin{aligned} \mathbb{N} &\longrightarrow \mathbb{Z} \\ n \in \mathbb{N}_{\text{even}} &\longmapsto \frac{n}{2} \\ n \in \mathbb{N}_{\text{odd}} &\longmapsto \frac{1-n}{2} \end{aligned}$$

で与えられる．この写像が全単射であることの確認は読者に任せる． □

今回は無限と有限の違いに的を絞って論じてみた．我々は有限の概念しか用いることができないのであるが，それによって無限を如何に理解するかが

1.2. 無限を考える

## 演習 5.
二つの集合 $A$, $B$ と写像 $f : A \longrightarrow B$ において, $B$ の部分集合 $\{f(a)|a \in A\}$ のことを $f$ による $A$ の**像**といい, $f(A)$ で表す. また, $B$ の部分集合 $B'$ に対して, $A$ の部分集合 $\{a \in A \mid f(a) \in B'\}$ のことを $f$ による $B'$ の**逆像**あるいは**原像**といい, $f^{-1}(B')$ で表す.

このとき, 写像 $f : A \longrightarrow B$, $A$ の部分集合 $A_1$, $A_2$, および $B$ の部分集合 $B_1$, $B_2$ に対して, 以下が成り立つことを示せ.
(1) $f(A_1 \cup A_2) = f(A_1) \cup f(A_2)$.
(2) $f(A_1 \cap A_2) \subset f(A_1) \cap f(A_2)$.
(3) $f^{-1}(B_1 \cup B_2) = f^{-1}(B_1) \cup f^{-1}(B_2)$.
(4) $f^{-1}(B_1 \cap B_2) = f^{-1}(B_1) \cap f^{-1}(B_2)$.
(5) $A_1 \subset f^{-1}(f(A_1))$.
(6) $f(f^{-1}(B_1)) \subset B_1$.
(7) $f(A_1) - f(A_2) \subset f(A_1 - A_2)$.
(8) $f^{-1}(B_1) - f^{-1}(B_2) = f^{-1}(B_1 - B_2)$.

さらに, (2), (5), (6), (7) において, 等号が成り立たないような例をあげよ.

## 演習 6.
以下の (1) から (4) までの集合 $A$ と集合 $B$ に対して, $f(x) = x^2$ で定義される $A$ から $B$ への写像 $f$ の単射性, 全射性を述べよ. ただし, 実数全体の集合を $\mathbb{R}$, 0 以上の実数全体の集合を $\mathbb{R}_{\geq 0}$ とする.
(1) $A = \mathbb{R}$, $B = \mathbb{R}$.
(2) $A = \mathbb{R}_{\geq 0}$, $B = \mathbb{R}$.
(3) $A = \mathbb{R}$, $B = \mathbb{R}_{\geq 0}$.
(4) $A = \mathbb{R}_{\geq 0}$, $B = \mathbb{R}_{\geq 0}$.

## 演習 7 (合成写像).
三つの集合 $A$, $B$, $C$ と二つの写像 $f : A \longrightarrow B$, $g : B \longrightarrow C$ を考える. このとき, $a \in A$ に対して $g(f(a))$ を対応させる $A$ から $C$ への写像のことを,

$f$ と $g$ の**合成写像**といい，$g \circ f$ で表す：$g \circ f(a) := g(f(a))$.

今，次で定義される実数全体の集合 $\mathbb{R}$ の間の二つの写像 $f$, $g$ をとる：

$$f : \mathbb{R} \longrightarrow \mathbb{R}, \qquad g : \mathbb{R} \longrightarrow \mathbb{R}$$
$$x \longmapsto 3x+1 \qquad x \longmapsto \frac{2}{x^2+1}$$

このとき，次の $a$, $b$, $c$ を求めよ：
(1) $a = f \circ g(1)$. (2) $b = g \circ f(2)$. (3) $c = g \circ g(-1)$.

**演習 8.**

三つの集合 $A$, $B$, $C$ と二つの写像 $f : A \longrightarrow B$, $g : B \longrightarrow C$ について，以下を示せ．
(1) $g \circ f$ が単射であるならば，$f$ も単射である．
(2) $g \circ f$ が全射であるならば，$g$ も全射である．

## 1.3 無限の種類

### 1.3.1 濃度

二つの集合 $A$, $B$ において，$A$ から $B$ への全単射が存在するとき，$A$ と $B$ とは**濃度が等しい**[7]といい，$A \sim B$ で表す．一方，$A \sim B$ でないことを $A \nsim B$ で表す．濃度が等しい集合たちは同じ集合として考えることができ，これによって集合を分類するというのが集合論の基本である．

我々は高校までに自然数，整数，有理数，実数という数を習う．以下，本節では自然数全体の集合を $\mathbb{N}$，整数全体の集合を $\mathbb{Z}$，有理数全体の集合を $\mathbb{Q}$，実数全体の集合を $\mathbb{R}$ で表すことにする．これらはどれも無限集合であり，集合の包含関係は $\mathbb{N} \subsetneq \mathbb{Z} \subsetneq \mathbb{Q} \subsetneq \mathbb{R}$ である[8]．では各々の濃度の違いはどうであろうか？

---

[7]濃度とはいわゆる個数の意味であるが，元の個数が無限個の場合，個数という表現に不適切さが残るので濃度という言葉を用いる．基数という言葉を用いることもある．
[8]本講では $A$ が $B$ の真部分集合であることを $A \subsetneq B$ で表す．

## 1.3. 無限の種類

まず $\mathbb{Z}$ であるが，これは次のように自然数による番号付けができるので，$\mathbb{N}$ と $\mathbb{Z}$ とは濃度が等しい (命題 1.2.1 を参照のこと)：

| $\mathbb{Z}$ | $\cdots$ | $-2$ | $-1$ | $0$ | $1$ | $2$ | $\cdots$ |
|---|---|---|---|---|---|---|---|
| | $\cdots$ | $\updownarrow$ | $\updownarrow$ | $\updownarrow$ | $\updownarrow$ | $\updownarrow$ | $\cdots$ |
| $\mathbb{N}$ | $\cdots$ | $5$ | $3$ | $1$ | $2$ | $4$ | $\cdots$ |

つまり，$\mathbb{Z}$ の無限の度合いは自然数で追い付く程度のものなのである．では残りの $\mathbb{Q}$ や $\mathbb{R}$ の濃度の違いを考えてみよう．

### 1.3.2 有理数の濃度

この部分節では $\mathbb{Q}$ が可算集合であること，即ち，$\mathbb{N}$ と $\mathbb{Q}$ とは濃度が等しいということを見ていこう．

まず二つの集合の直積集合を定義しておく．そのために順序対という言葉を導入しておこう．これは高校までに習う $(x, y)$ 平面上の点 $(a, b)$ という表記を一般の集合で考えたものである．

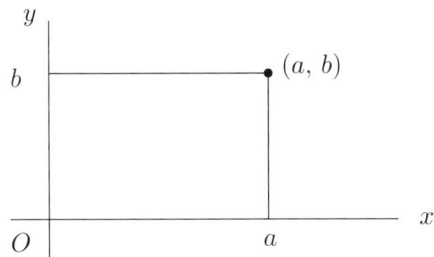

注意すべきは $(a, b)$ と $(b, a)$ とは全く違う点を意味しているということである．

一般に，二つのもの $a, b$ から作られた対 $(a, b)$ のことを $a$ と $b$ とから作られた**順序対**という．二つの順序対 $(a, b), (a', b')$ に対して，"$a = a'$ かつ $b = b'$" が成り立つとき二つの順序対は等しいという．$(a, b)$ と $(a', b')$ が等しいことを $(a, b) = (a', b')$ で表し，$(a, b) = (a', b')$ でないことを $(a, b) \neq (a', b')$ で表す．

**定義 1.3.1** (直積集合).

二つの集合 $A$, $B$ が与えられたとき，$A$ の元 $a$ と $B$ の元 $b$ とから作られる順序対 $(a, b)$ 全体からなる集合を $A$ と $B$ の**直積**といい，$A \times B$ で表す：

$$A \times B = \{(a, b) \mid a \in A, \, b \in B\}.$$

例えば，$A = \mathbb{R}$, $B = \mathbb{R}$ とすれば，これは $(x, y)$ 平面のことであり，$\mathbb{R} \times \mathbb{R} = \mathbb{R}^2$ と表す．

では有理数の濃度にもどろう．まず，$x$ 座標，$y$ 座標が共に正であるような格子点[9]の集合 $\mathbb{N} \times \mathbb{N}$ の濃度を考えよう．

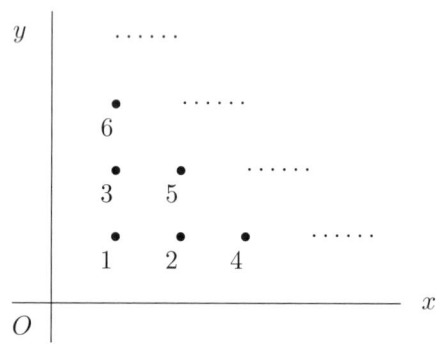

これは上図のように自然数による番号付けができるので $\mathbb{N}$ と濃度が等しいことが判る．これの詳細な証明は読者に任せる．

次に以下の補題を示しておく．

**補題 1.3.1.**

可算集合の無限部分集合は可算集合である．

*Proof.*

可算集合を任意にとり $A$ とおく．可算集合の定義から $A$ は

$$A = \{a_1, a_2, a_3, \cdots\}$$

と表される．今，$A$ の任意の無限部分集合 $B$ をとると，$A$ の元 $a_1, a_2, a_3, \cdots$ のうち $B$ の元を番号の小さい順に $a_{n_1}, a_{n_2}, a_{n_3}, \cdots$ と並べていくことがで

---

[9] $x$ 座標，$y$ 座標が共に整数である点のことを**格子点**という．

## 1.3. 無限の種類

きる．このとき，$B = \{a_{n_1}, a_{n_2}, a_{n_3}, \cdots\}$ であり，これにより全単射

$$\mathbb{N} \longrightarrow B$$
$$i \longmapsto a_{n_i}$$

が得られる． □

この補題を用いて $\mathbb{Q}$ が可算集合であることが証明できる．命題としてまとめておこう．

**命題 1.3.1.**
有理数全体の集合 $\mathbb{Q}$ は可算集合である．

*Proof.*
$\mathbb{Z} \times \mathbb{N}$ の元 $(m, n)$ で $m$ と $n$ が互いに素であるものの全体を $A$ とする．このとき，全単射

$$A \longrightarrow \mathbb{Q}$$
$$(m, n) \longmapsto m/n$$

によって，$A \sim \mathbb{Q}$ が判る．次に $\mathbb{Z} \times \mathbb{N} \sim \mathbb{N} \times \mathbb{N} \sim \mathbb{N}$ なので $\mathbb{Z} \times \mathbb{N}$ は可算集合である．また，$A$ はその無限部分集合なので，補題 1.3.1 から $A$ は可算集合である．以上により，$\mathbb{Q}$ が可算集合であることが従う． □

このように，自然数，整数，有理数は全て濃度が等しいことが判った．このことと話の流れから，実数も可算集合であろうという予想がつきそうである．そこで次の部分節では実数の濃度を考えよう．

### 1.3.3 実数の濃度

本部分節の主題は次の命題を示すことである．

**命題 1.3.2.**
実数全体の集合は可算集合でない．

証明は幾つか知られているが，ここではカントール (G. Cantor, 1845–1918) によって考案された対角線論法 (1890 年) を紹介する．この証明法が発明されてから，対角線論法は数学全般において有力な手法となったためである．

証明の前に，実数は 10 進法によって無限小数展開されるということは既知のこととする．例えば

$$\sqrt{2} = 1.41421356\cdots, \qquad \pi = 3.14159265\cdots$$

などである．

*Proof.*

$\mathbb{R}$ が可算集合であると仮定して矛盾を導く．$\mathbb{R}$ が可算集合であるとすると，補題 1.3.1 により $\mathbb{R}$ の無限部分集合である $(0, 1]$ も可算集合である．よって全単射 $a : \mathbb{N} \longrightarrow (0, 1]$ が存在する．

ここで，各実数 $a(n)$ を 10 進法によって無限小数展開して

$$a(n) = 0.a_{n1}a_{n2}a_{n3}\cdots \qquad (a_{ni} は 0 から 9 までの整数)$$

と表しておく．ただし，

$$1 = 0.999\cdots, \qquad 0.5 = 0.49999\cdots$$

のように，有限小数も無限小数で表すとする．このとき $a(1), a(2), a(3), \cdots$ を

$$(1.6) \qquad \begin{aligned} a(1) &= 0.a_{11}a_{12}a_{13}\cdots \\ a(2) &= 0.a_{21}a_{22}a_{23}\cdots \\ a(3) &= 0.a_{31}a_{32}a_{33}\cdots \\ &\cdots \end{aligned}$$

と書き並べ，各自然数 $n$ に対して

$$b_n = \begin{cases} 1 & (a_{nn} = 0, 2, 4, 6, 8 \text{ のとき}) \\ 2 & (a_{nn} = 1, 3, 5, 7, 9 \text{ のとき}) \end{cases}$$

とおく．これを用いて

$$b = 0.b_1 b_2 b_3 \cdots$$

## 1.3. 無限の種類

という無限小数が定義される．この $b$ は $(0, 1]$ 内にあり，$a : \mathbb{N} \longrightarrow (0, 1]$ が全射であることから $a(k) = b$ となる $k \in \mathbb{N}$ が存在する．この $a(k)$ と $b$ の少数第 k 位を比較してみる：

$$a(k) = 0.a_{k1}a_{k2}\cdots a_{kk}\cdots$$
$$b = 0.b_1b_2b_3b_4\cdots b_k\cdots$$

もし $a_{kk}$ が 0, 2, 4, 6, 8 のいずれかのときは $b_k = 1$ となるので $a_{kk} \neq b_k$ である．また，$a_{kk}$ が 1, 3, 5, 7, 9 のいずれかのときは $b_k = 2$ となるので $a_{kk} \neq b_k$ である．いずれにせよ $a_{kk} \neq b_k$ となるので $a(k) \neq b$ が従い，$a(k) = b$ であることに矛盾する．

以上により，$\mathbb{R}$ は可算集合でない． □

この証明法における見せ場は (1.6) 式の対角線上の数 $a_{11}, a_{22}, a_{33}, \cdots$ に着目して $b_n$ を定義したことである．このことからこの証明法は**対角線論法**といわれている．

このように，$\mathbb{N}, \mathbb{Z}, \mathbb{Q}, \mathbb{R}$ は，$\mathbb{N} \subsetneq \mathbb{Z} \subsetneq \mathbb{Q} \subsetneq \mathbb{R}$ という包含関係が成り立つような四つの集合ではあるが，濃度の観点からみれば $\mathbb{N} \sim \mathbb{Z} \sim \mathbb{Q} \not\sim \mathbb{R}$ となるのである．では，$\mathbb{Q}$ と $\mathbb{R}$ の違いはどこにあるのであろうか？次の部分節ではそれを考えることにする．

### 1.3.4　代数的数と超越数

実数は有理数と無理数とで構成されることを思い出しておこう．命題 1.3.1 から $\mathbb{Q}$ は可算集合，命題 1.3.2 により $\mathbb{R}$ は可算集合でないのであった．よって，$\mathbb{Q}$ と $\mathbb{R}$ の濃度の違いは無理数全体の集合に起因することが判る．ではどのような無理数が濃度に影響を与えているのか？それを見るために次を定義しておこう．

**定義 1.3.2** (代数的数と超越数)**．**
　係数が全て整数であるような代数方程式

$$a_0 + a_1x + a_2x^2 + \cdots + a_nx^n = 0 \qquad (a_n \neq 0,\ n \geq 1)$$

の根となるような複素数を**代数的数**という．代数的数である実数を**実代数的数**といい，代数的数でない実数を**超越数**という．

例えば有理数は実代数的数である．何故なら $m/n$ ($m$, $n$ は互いに素な整数) を任意の有理数とすると，これは $m - nx = 0$ という方程式の根となるからである．また，有理数以外に $\sqrt{2}$ のような無理数も，$2 - x^2 = 0$ の根となることから，実代数的数である．

**命題 1.3.3.**
代数的数全体の集合は可算集合である．

*Proof.*
整数係数多項式

$$f(x) = a_0 + a_1 x + a_2 x^2 + \cdots + a_n x^n \qquad (a_n \neq 0, n \geq 1)$$

に対して，

$$h(f) = n + |a_0| + |a_1| + \cdots + |a_n|$$

のことを $f$ の高さという．$f$ の高さは 2 以上の整数になることに注意する．

$k \geq 2$ なる自然数 $k$ に対して，$h(f) = k$ となる $f$ の個数を考える．例えば，$k = 2$ のときは $a_n \neq 0$, $n \geq 1$ を加味すれば，該当する多項式は $x$ しかなく，$x = 0$ が対応する代数的数である．また，$k = 3$ のときも同様にすれば，$1 + x$, $1 - x$, $x^2$ が該当する多項式であり，$x = -1, 1, 0$ が対応する代数的数である．つまり，$k$ に対して $a_n \neq 0$, $n \geq 1$ という条件に基いて $n, a_0, a_1, \cdots, a_n$ の組み合わせを考えるのであるが，該当する多項式は全て有限個である．この多項式の個数を $m_k$ としておき ($m_2 = 1$, $m_3 = 3, \cdots$)，対応する多項式を $f_{k1}, f_{k2}, \cdots, f_{km_k}$ とおく．

ここで次の定理は既知として用いる：

**補題 1.3.2** (代数学の基本定理)**.**
係数が全て整数であるような代数方程式

$$a_0 + a_1 x + a_2 x^2 + \cdots + a_n x^n = 0 \qquad (a_n \neq 0, n \geq 1)$$

の根は高々 $n$ 個である．

補題 1.3.2 から，$f_{k1} = 0$ となる根の個数は有限個であり，$f_{k2} = 0$ となる根の個数も有限個，以下，$f_{k3} = 0, \cdots, f_{km_k} = 0$ の根も有限個である．これら $f_{k3} = 0, \cdots, f_{km_k} = 0$ の異なる根の個数の総和を $M_k$ とおく (例えば，

## 1.3. 無限の種類

$M_2 = 1$, $M_3 = 3$). さらに，各 $k$ に対する $f_{k3} = 0, \cdots, f_{km_k} = 0$ の異なる根を $\alpha_{ki}$ $(1 \leq i \leq M_k)$ とおき，$k = 2, 3, 4, \cdots$ として並べると

$$\alpha_{2M_2} \quad \alpha_{31} \quad \alpha_{32} \quad \alpha_{3M_3} \quad \alpha_{41} \quad \alpha_{42} \quad \cdots$$

となる．つまり，$\mathbb{N} \times \mathbb{N}$ の一部に配置されていく．ただし，この中には同じ数がある (例えば，$\alpha_{2M_2} = 0$ であり，$\alpha_{31}, \alpha_{32}, \alpha_{3M_3}$ のどれかは $0$ になる)．この同じ数たちを一つの数にしたものが代数的数全体の集合となる．

以上により，代数的数全体の集合は可算集合 $\mathbb{N} \times \mathbb{N}$ の部分集合になることが判った．代数的数全体の集合は有理数全体の集合を含むので無限集合であることから，補題 1.3.1 により代数的数全体の集合は可算集合であることが示された． □

実数は実代数的数と超越数とに分かれることから，命題 1.3.2 および命題 1.3.3 により超越数全体の集合が $\mathbb{R}$ と濃度が同じであることが判る．ちなみに超越数の例としては円周率 $\pi$ や自然対数の底 $e$ などが知られている．$\sqrt{2}$ や $\sqrt[3]{5}$ などの $n$ 乗根を用いて表せるような無理数は可算個であり，$\pi$ や $e$ のように文字でしか表せないような無理数 (超越数) が濃度に影響しているのである．

ここまでで，自然数の濃度と実数の濃度の二種類の濃度の存在が判った．この二つは代表的な濃度であり，自然数の濃度を $\aleph_0$ (アレフ・ゼロ)，実数の濃度を $\aleph$ (アレフ) で表す．

さて，我々は学校教育において一番初めに自然数を習うのであるが，これは順序や順位を表したりできるということで，実生活でも有用な数である．これを数学の観点，即ち，無限集合という観点から考えてみよう．

**命題 1.3.4.**
　全ての無限集合は可算部分集合をもつ．

*Proof.*
　無限集合 $A$ に対して，$a_1 \in A$, $a_2 \in A - \{a_1\}$, $a_3 \in A - \{a_1, a_2\}$, $\cdots$, 以下順次に元 $a_n$ をとっていく．$A$ は無限集合なのでこの操作は有限回で終わることはない．よって，$A$ は可算集合 $\{a_1, a_2, a_3, \cdots\}$ を含んでいる． □

この命題が意味する重要性を考えてもらいたい．つまり，どんな無限集合も $\aleph_0$ 分の濃度を含んでいるのである．このことから，自然数は無限集合の基

礎になる無限集合であることが判る．我々は実用的ということで自然数を用いているが，実は自然数の価値はこのような学問的裏付けがあるわけである．

　今回は濃度という概念を導入し，$\aleph_0$ や $\aleph$ などに見られるように，無限にも色々な種類があることを論じた．そのプロセスにおいて，自然数，整数，有理数，実数というものの価値を無限集合という観点から再確認し，無限という研究対象の面白さをご理解頂ければ幸いである．

**演習 9.**
　開区間 $(a, b)$ と開区間 $(c, d)$ の濃度および閉区間 $[a, b]$ と閉区間 $[c, d]$ の濃度がそれぞれ等しいことを示せ．

**演習 10.**
　閉区間 $[0, 1]$ と開区間 $(0, 1)$ の濃度および閉区間 $[0, 1]$ と半開区間 $(0, 1]$ の濃度がそれぞれ等しいことを示せ．

## 1.4　商集合

### 1.4.1　はじめに

　膨大な人数の人間によって構成される集合を考えよう．これを認識する一つの方法として，この集合を区分けするという手法があげられる．性別で区分けする方法もあるし，年齢別に区分けする方法もある．学力面から考えたければ，何らかの試験を行いその点数で区分けする手もある．色々な角度から区分けすることによって，その集合自体を把握できるわけである．

1.4. 商集合

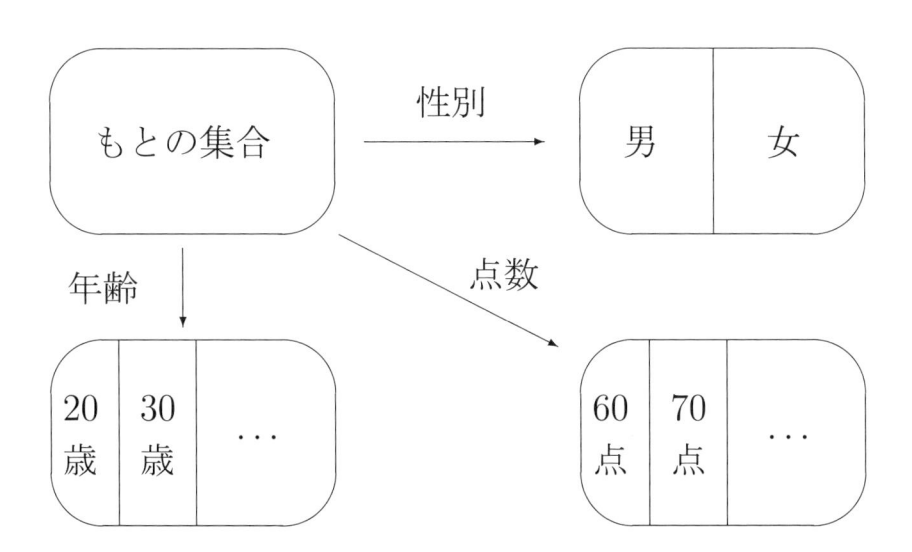

```
          性別
もとの集合 ─────→   男 │ 女

  │年齢        点数
  ↓             ↘
 20 │ 30 │ …      60 │ 70 │ …
 歳 │ 歳           点 │ 点
```

　何か一つの集合が与えられたときに，これを何らかの基準によって区分けして考えるというアイディアは非常に実用的であり，数学においても重要な考え方である．では集合の区分けという方法をどう実行するのか．まず区分けというものを細かく見ていこう．上述の例でいうと，性別による区分けの場合，同じ性別の人間同士は"同じ"と見なすわけである．年齢別で区分けするときは，歳が同じ人間同士を"同じ"と見なす．学力による区分けならば，同じ点数をとった人間同士を"同じ"と見なす．即ち，何らかの基準で"同じ"という概念を導入し，それによって集合を区分けする．

　今回は二つの数学的対象が"同じ"であるという関係 (同値関係) を導入し，それによって区分けされた集合 (商集合) についてを論じたい．

### 1.4.2　二項関係

　まず二つの対象 $a, b$ 間の関係 (二項関係) を，等号を例にして見ていこう．実数全体の集合を $\mathbb{R}$ とし，$a, b \in \mathbb{R}$ をとる．このとき，$a = b$ という関係は，$a$ と $b$ の二つの数が"＝"という関係によって結ばれている．つまり，$a$ と $b$ という実数の組に対して，"＝"なる判定基準が明確な関係が与えられているわけである．

**定義 1.4.1** (二項関係).

集合 $A$ において，直積集合 $A \times A$ の任意の元 $(a, b)$ に対して，満たすか満たさないかが判定できる規則 $\rho$ が与えられたとき，$\rho$ を $A$ 上の**二項関係**という．$(a, b)$ が二項関係 $\rho$ を満たすことを $a \rho b$ で表す．

本部分節最初の例は，定義 1.4.1 において，$A$ として $\mathbb{R}$ を，$\rho$ として " $=$ " を考えたものである．

ここで，$\mathbb{R}$ 上の " $=$ " という二項関係を，高校までに習う "グラフ" を用いて図示してみよう．定義から，$\mathbb{R} \times \mathbb{R}$ の元 $(x, y)$ で，$x = y$ となるような元全体の集合を図示するわけである (上では $a, b$ という記号を用いたが，今は高校での記号を印象付けるために $x, y$ を用いる)．これは直線 $y = x$ となる：

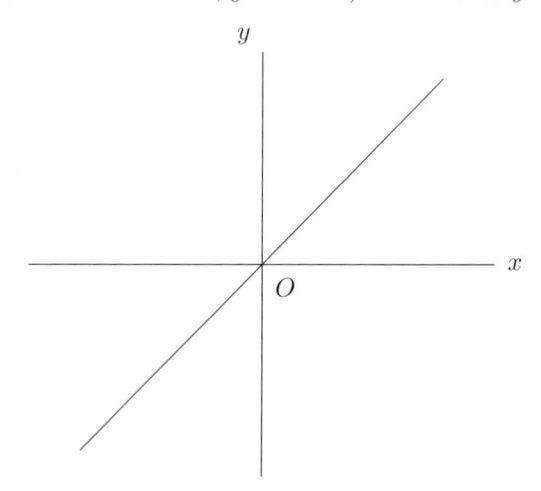

この "グラフ" という概念を一般の集合へと拡張すると，次のような定義になる．

**定義 1.4.2** (グラフ).

集合 $A$ 上に二項関係 $\rho$ が与えられているとする．このとき，直積集合 $A \times A$ の部分集合
$$G(\rho) = \{(a, b) \in A \times A \mid a \rho b\}$$
のことを二項関係 $\rho$ の**グラフ**という．

上述の $y = x$ のグラフの一般化として，高校数学までで多用されている $\mathbb{R}$ 上の関数 $y = f(x)$ のグラフの厳密な手順を与えよう．$\mathbb{R}$ 上の二項関係 $\rho$

## 1.4. 商集合

を，$\mathbb{R} \times \mathbb{R}$ の元 $(x,y)$ が $y = f(x)$ という関係を満たすことによって定義する．このとき，求めるグラフ $G(\rho)$ は，例えば，次のようになり，これがお馴染みの関数 $y = f(x)$ のグラフとなる：

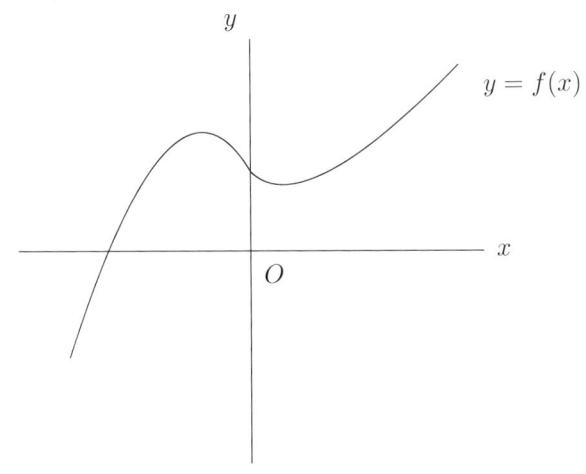

前述の $y = x$ のグラフは，上記の $f(x)$ として $x$ をとったものである．

**注意 1.4.1.**

定義 1.4.2 の逆をたどってみよう．集合 $A$ の直積集合 $A \times A$ の任意の部分集合 $G$ をとる．このとき，$A$ 上の二項関係 $\rho$ を「$(a,b) \in G$ であるとき $a\rho b$ である」とすることによって定義する．ちなみに $G$ は $\rho$ のグラフになっている．このことから，二項関係 $\rho$ とそのグラフ $G(\rho)$ とを同一視して考えることが多い．

昨今，試験問題にて「グラフを求めよ」という問題を目にする．しかし，この「グラフ」というものをしっかり定義している教科書は少ないのではなかろうか．高校までの感覚に訴えた見識もある程度は大事であるが，余力のある読者はこれを機に別の角度から認識するのもよいであろう．

次の部分節では本部分節で定義した二項関係のうち，特殊な二項関係 (同値関係) を考える．

### 1.4.3 同値関係

この部分節では集合における "同じ" という関係 (同値関係) を定義する．まず定義を述べてから具体例を考えよう．

**定義 1.4.3** (同値関係)．
集合 $A$ 上の二項関係 $\rho$ が
(1) (**反射律**)
どんな $a \in A$ に対しても $a \rho a$ が成り立つ，
(2) (**対称律**)
任意の $a, b \in A$ に対して，"$a \rho b$ ならば $b \rho a$" が成り立つ，
(3) (**推移律**)
任意の $a, b, c \in A$ に対して，"$a \rho b$ かつ $b \rho c$ ならば $a \rho c$" が成り立つ，
の三つの条件を満たすとき，これを**同値関係**という．

以下では同値関係の例をいくつか考えてみる．

**例 1.4.1.**
実数全体の集合 $\mathbb{R}$ における通常の等号 "$=$" という二項関係は同値関係である．実際，
(1) $a = a$,
(2) $a = b$ ならば $b = a$,
(3) $a = b$ かつ $b = c$ ならば $a = c$,
が成り立つ．

**例 1.4.2.**
集合 $A$ を地球人全体の集合とし，$A$ 上の二項関係 $\rho$ を，性別が同じであるということによって定義する：

$$a \rho b \iff b \text{ の性別は } a \text{ の性別と同じである．}$$

このとき，$\rho$ は同値関係である．事実，
(1) $a$ と $a$ とは同じ性別なので，$a \rho a$,
(2) $b$ は $a$ と同じ性別だとすると，$a$ は $b$ と同じ性別であるから，$a \rho b$ ならば $b \rho a$,
(3) $b$ は $a$ と同じ性別であり，$c$ は $b$ と同じ性別だとすると，$c$ は $a$ と同じ性

# 1.4. 商集合

別であるので，$a\rho b$ かつ $b\rho c$ ならば $a\rho c$,
が成り立つ.

## 例 1.4.3.

例 1.4.2 の集合 $A$ に対して，$A$ 上の二項関係 $\rho$ を，年齢によって定義する：

$$a\rho b \iff b \text{の年齢は} a \text{の年齢と同じである.}$$

このとき，$\rho$ は同値関係である．実際，例 1.4.2 と同じような議論にて反射律，対称律，推移律が成り立つ．

## 例 1.4.4.

例 1.4.2 の集合 $A$ に対して，$A$ 上の二項関係 $\rho$ を，何らかの試験による点数によって定義する：

$$a\rho b \iff b \text{の点数は} a \text{の点数と同じである.}$$

このとき，$\rho$ は同値関係である．事実，例 1.4.2 と同じような議論にて反射律，対称律，推移律が成り立つ．

以上の三つの例は，§1.4.1 において言及したものである．このように，我々が私生活で用いている "同じ" という概念を "同値関係" という数学的概念で表現しているわけである．

では，同値関係でないものはどのようなものがあるかというと，例えば次のようなものである．

## 例 1.4.5.

例 1.4.2 の集合 $A$ に対して，$\rho$ を好意によって定義する：

$$a\rho b \iff a \text{は} b \text{のことが好きである.}$$

このとき，$\rho$ は同値関係でない．

例えば反射律を見てみよう．$a\rho a$ は成り立つか？「私は私のことが嫌いである」という複雑な心境の方もいるかもしれないが，百歩譲って "$a$ は $a$ のことが好きである" は成り立つとできよう．

しかし，対称律は成り立たない．実際，$a$ は $b$ のことが好きである．このとき $b$ は $a$ のことが好きか？というと，そのような旨い話があれば "片想い" という言葉は存在しない．

さらに，推移律はもっと成り立たないであろう．$a$ は $b$ のことが好きだ．でも $b$ は $c$ のことが好きだ．では $a$ は $c$ のことが好きか？というと，いわゆる"恋敵"というわけなので，非常に難しいところである．

**例 1.4.6.**
$\mathbb{R}$ を実数全体の集合とし，通常の不等号 "$\leq$" を二項関係 $\rho$ として考える：

$$x \rho y \iff x \leq y.$$

このとき，$\rho$ は同値関係でない．

まず $x \leq x$ ゆえ $x \rho x$ は成り立つ．しかし，$x \rho y$ が成り立てば $y \rho x$ が成り立つかというと，それは例えば 1 と 2 という実数をとれば，$1 \leq 2$ ではあるが $2 \leq 1$ ではないので，対称律は成り立たない．よって，上で定義した $\rho$ は同値関係にはならない．

次の部分節では，同値関係による集合の区分けを考えることにしよう．

### 1.4.4　商集合

まず §1.4.1 および §1.4.3 の例で考えてみる．

地球人全体の集合 $A$ をとる．$A$ を例 1.4.2 のような性別による同値関係 $\rho$ を用いて区分けしてみよう．$A$ の元 $a$ (即ち，$a$ は地球人) と同じ性別の人間を集めた $A$ の部分集合 $C(a)$ を考える．$a$ が男だったら $C(a)$ は男性全体の集合であり，$a$ が女だったら $C(a)$ は女性全体の集合となる．$x$ を男性，$y$ を女性とすると，$A = C(x) \cup C(y)$ であり，$C(x) \cap C(y) = \emptyset$ である．また，$A$ の元 $\alpha, \beta$ に対して，$C(\alpha) \cap C(\beta) \neq \emptyset$ であることと $C(\alpha) = C(\beta)$ であることとは同値である．

これを一般の集合に拡張しよう．

**定義 1.4.4** (同値類)．
集合 $A$ に同値関係 $\rho$ が与えられたとき，$a \in A$ に対する $A$ の部分集合

$$C(a) = \{x \mid a \rho x\}$$

のことを $a$ の**同値類**という．

## 1.4. 商集合

本部分節最初の例でいうと，同値類は男性全体の集合や女性全体の集合である．

ここで，同値類の重要な性質をいくつか見ていこう．

**命題 1.4.1.**
$C(a)$ のどんな元 $x$ に対しても $C(a) = C(x)$ となる．

*Proof.*
 $x \in C(a)$ を任意にとり，この $x$ に対して $C(a) = C(x)$ であることを示す．まず，$y \in C(a)$ となる任意の $y$ をとる．このとき，同値類の定義から $a \rho y$ となる．一方，$x \in C(a)$ により $a \rho x$ である．ここで，推移律と対称律から $x \rho y$ なので，$y \in C(x)$ を得る．ゆえに $C(a) \subset C(x)$ となる．

次に，$y \in C(x)$ となる任意の $y$ に対して，$x \rho y$ である．また，$x \in C(a)$ により $a \rho x$ となる．推移律と対称律から $a \rho y$ となるので，$y \in C(a)$ が成り立つ．このことから，$C(x) \subset C(a)$ が従う．

以上により，$C(a) = C(x)$ となることが示された． □

同値類 $C(a)$ は $a$ を用いて表されてはいるが，命題 1.4.1 により，$C(a)$ の他の元 $b$ をもってきて同値類 $C(b)$ を考えたとしても，これは $C(a)$ と同じ同値類を定義するわけである．上述の例でいうと，同値類である "男性全体の集合" の二元 $a, b$ をとってきて同値類 $C(a), C(b)$ を考えたとしても，これらは同じ "男性全体の集合" を作るということである．

我々は一つの集団を作るとその代表者を選出する．重要なことは，誰を代表者として選ぼうが，その代表者は必ずその集団を表すということである．代表者 $a$ はその集団を表すが，別の代表者 $b$ を選んだ場合は別の集団を表すということはない．このように，誰を代表者として選ぼうが，代表者がその集団を表現するということを保証するのが命題 1.4.1 なのである．このことから，同値類の元はどれを選んでもその同値類の代表者となる．一般に，同値類の各元のことを，その同値類の**代表元**という．

次に，以下の性質を見てみよう．

**命題 1.4.2.**
$C(a) \cap C(b) \neq \emptyset$ であることと $C(a) = C(b)$ であることとは同値である．即ち，この対偶をとれば，$C(a) \cap C(b) = \emptyset$ であることと $C(a) \neq C(b)$ であることとは同値である．

*Proof.*

$C(a) \cap C(b) \neq \emptyset$ とすると，$x \in C(a) \cap C(b)$ となる元 $x$ がとれる．この $x$ に対して，同値類の定義から $a\rho x$ かつ $b\rho x$ である．対称律と推移律から，$a\rho b$ が従う．よって $a$ と $b$ は共に同じ同値類を構成するので，$C(a) = C(b)$ となる．一方，$C(a) = C(b)$ とすると，$C(a) \cap C(b) \neq \emptyset$ となることは自動的に判る． □

命題 1.4.2 の主張することは，集合 $A$ は相交わらない同値類たちに分割されるということである．これは前述の例でいえば，地球人全体の集合は "男性全体の集合" と "女性全体の集合" という二つの別々な同値類に分割されるということに対応する．このことから，同値類全体の集合というものが非常に重要な役割をすることが示唆される．

**定義 1.4.5** (商集合).
定義 1.4.4 に続き，同値類全体の集合を**商集合**といい，$A/\rho$ で表す．$A$ から $A/\rho$ への写像：

$$A \longrightarrow A/\rho$$
$$a \longmapsto C(a)$$

のことを $A$ から $A/\rho$ への**自然な射影**という．

最後に §1.4.3 の例の商集合をまとめてみよう．

**例 1.4.7** (例 1.4.2).
$A/\rho = \{$ 男全体の集合，女全体の集合 $\}$.

**例 1.4.8** (例 1.4.3).
$A/\rho = \{0$ 歳全体の集合, $1$ 歳全体の集合, $\cdots, 122$ 歳全体の集合 $\}$.

**例 1.4.9** (例 1.4.4).
$A/\rho = \{0$ 点取得者全体の集合, $1$ 点取得者全体の集合, $\cdots, 100$ 点取得者全体の集合 $\}$.

末尾に，本節で紹介した例には細かい突っ込みが入りそうであるが，そこはご愛嬌としてご理解頂きたい．

**演習 11** (恒等写像, 逆写像).

三つの集合 $A$, $B$, $C$ において, 以下が成り立つことを示せ.
(1) $A \sim A$. (2) $A \sim B$ ならば $B \sim A$. (3) $A \sim B$ かつ $B \sim C$ ならば $A \sim C$.

**演習 12** (円周の構成法).

実数全体の集合 $\mathbb{R}$ において, 任意の二つの元 $x_1$, $x_2$ に対する二項関係 $\rho$ を

$$x_1 \rho x_2 \iff x_1 - x_2 \text{が整数}$$

と定義する. このとき, この $\rho$ は同値関係を与えることを示し, 商集合 $\mathbb{R}/\rho$ を求めよ.

**演習 13** (トーラスの構成法).

$(x, y)$ 平面 $\mathbb{R}^2$ において, 任意の二つの元 $(x_1, y_1)$, $(x_2, y_2)$ に対する二項関係 $\rho$ を

$$(x_1, y_1) \rho (x_2, y_2) \iff x_1 - x_2 \text{および} y_1 - y_2 \text{が共に整数}$$

と定義する. このとき, この $\rho$ は同値関係を与えることを示し, 商集合 $\mathbb{R}^2/\rho$ を求めよ.

**演習 14.**

整数全体の集合 $\mathbb{Z}$ において, 任意の二つの元 $x$, $y$ に対する二項関係 $\rho$ を

$$x \rho y \iff x - y \text{が} 2 \text{の倍数になる}$$

と定義する. このとき, この $\rho$ は同値関係を与えることを示し, 商集合 $\mathbb{Z}/\rho$ を求めよ.

## 1.5 濃度の大小

### 1.5.1 大小関係

二つの実数 $a, b$ に対する大小関係を考えてみよう. このとき, $a > b, a = b, a < b$ のいずれかが成り立つ. また, $a \leq b$ と $a \geq b$ が同時に成り立てば, $a = b$ となることも判るであろう.

では実数の変わりに集合の濃度[10]でこのような大小関係が成り立つであろうか？二つの集合 $A, B$ が有限集合である場合，その濃度を $a, b$ とすると，これらは 0 以上の整数であることから，上記の大小関係は成り立つ．しかし無限集合も含めた一般の集合に対する濃度ではどうであろうか？

それを考えるためには，まず濃度の大小関係を定義しなければならない．そしてその大小関係に対して，二つの濃度 $a, b$ が

(1.7) $\quad\quad a > b, \quad a = b, \quad a < b \quad$ のいずれかが成り立つ

(1.8) $\quad\quad a \leq b \quad$ かつ $\quad a \geq b \quad$ ならば $\quad a = b \quad$ が成り立つ

という性質を満たすであろうか？

(1.7) は 19 世紀後期の集合論における大問題のうちの一つであり，(1.7) が成り立てば (1.8) が証明されるということをカントールは述べているが，その証明は与えていない．最終的にはツェルメロによって 1904 年に証明された．一方，(1.8) の証明は (1.7) よりもかなり簡単で，それはベルンシュタインによって 1897 年に与えられた．

今回はこれらについてを論じたい．

### 1.5.2　順序関係

まず，本節の前提となる"大小関係"について述べていこう．

**定義 1.5.1** (順序関係)．
集合 $A$ 上の二項関係 $\rho$ が
(1) (反射律)　　$a \rho a$ が成り立つ，
(2) (推移律)　　"$a \rho b$ かつ $b \rho c$ ならば $a \rho c$" が成り立つ，
(3) (反対称律)　"$a \rho b$ かつ $b \rho a$ ならば $a = b$" が成り立つ，
という三つの条件を満たすとき，$\rho$ を**順序関係**といい，対 $(A, \rho)$ を**半順序集合**という．順序関係のことを "$\rho$" の代わりに "$\leq$" という記号で表すことが多い．また，$a \leq b$ ではあるが，$a = b$ でないことを $a < b$ で表す．

---

[10] 濃度とはいわゆる元の個数の意味であるが，元の個数が無限個の場合，個数という表現に不適切さが残るので濃度という言葉を用いる．基数という言葉を用いることもある．

## 1.5. 濃度の大小

**例 1.5.1.**
$\mathbb{R}$ を実数全体の集合とし，通常の不等号 "$\leq$" を二項関係 $\rho$ として考える．このとき，$(\mathbb{R}, \leq)$ は半順序集合である．

順序関係が定義されているのに "半順序集合" という言葉を用いているのは奇異な感じがするかもしれないが，次のような，大小関係が明確な集合との区別をつけるためである．

**定義 1.5.2** (全順序集合)**.**
半順序集合 $(A, \leq)$ が，$A$ の任意の二元 $a, b$ に対して $a \leq b$ あるいは $a \geq b$ のいずれか一方が成り立つとき，**全順序集合**であるという．

では，次に半順序集合間の同型を定義する．

**定義 1.5.3.**
$(A, \leq)$，$(A', \leq')$ を半順序集合とする．このとき，写像 $f : A \longrightarrow A'$ が "$a \leq b$ ならば $f(a) \leq f(b)$" を満たすとき，$f$ は**順序を保つ**という．さらに，全単射 $f : A \longrightarrow A'$ が存在して，$f$ および逆写像[11] $f^{-1}$ が共に順序を保つ写像であるとき，$(A, \leq)$ と $(A', \leq')$ とは**順序同型**であるという．これを $(A, \leq) \cong (A', \leq')$ で表し，$f$ を**順序同型写像**という．

ここで，集合の濃度における大小関係を定義しよう．一見，"二つの集合 $A$, $B$ において，$A \subsetneq B$ となるとき[12]，$A$ の濃度は $B$ の濃度よりも小さい" と定義したくなるかもしれないが，自然数全体の集合 $\mathbb{N}$ と有理数全体の集合 $\mathbb{Q}$ のように，$\mathbb{N} \subsetneq \mathbb{Q}$ ではあるが，$\mathbb{N} \sim \mathbb{Q}$ となる，即ち，濃度が等しくなるという例もあることから，このような定義の仕方では問題がある．そこで思い出してもらいたいのが，"有限集合 $A, B$ の間に単射が存在すれば，$A$ の濃度は少なくとも $B$ の濃度以下である" ということである．これを一般の集合に拡張し，単射によって二つの集合を比較するのである．

**定義 1.5.4** (濃度の大小)**.**
集合 $A, B$ をとり，$a, b$ を各々その濃度とする．このとき，$A$ から $B$ への単射が存在するとき，これを $a \leq b$ で表す．さらに，$A$ から $B$ への単射は存

---
[11] $f$ が全単射ゆえその逆写像 $f^{-1}$ が定義される (演習 11 参照)．
[12] 本講では $A$ が $B$ の真部分集合であることを $A \subsetneq B$ で表す．

在するが濃度は等しくないとき，これを $a < b$ で表し，$A$ は $B$ よりも**濃度が小さい**，あるいは，$B$ は $A$ よりも**濃度が大きい**という[13]．

ここで，定義 1.5.4 による濃度の大小関係が順序関係を定義するかが問題であるが，それを示すには反射律，推移律，反対称律を示せばよい．

まず，反射律が成り立つことは明らかであろう．実際，$a$ を濃度とする集合 $A$ に対して，

$$i : A \longrightarrow A$$
$$a \longmapsto a$$

と定義すれば，$i$ は全単射となるが特に単射であるので $a \leq a$ が従う．

次に，推移律であるが，$a, b, c$ を濃度とする三つの集合を各々 $A, B, C$ とする．このとき，$a \leq b$ かつ $b \leq c$ が成り立つとすると，二つの単射 $f : A \longrightarrow B$ と $g : B \longrightarrow C$ が存在する．このとき，$f$ と $g$ の合成写像が $A$ から $C$ への単射になる．実際，$g(f(x)) = g(f(y))$ とすると，$g$ が単射なので $f(x) = f(y)$ となる．さらに，$f$ が単射であることから $x = y$ が成り立つ．よって推移律が示された．

最後に反対称律であるが，これを主張するのが次のベルンシュタインの定理であり，§1.5.1 における (1.8) を意味するものである．

**定理 1.5.1** (ベルンシュタイン)．

集合 $A, B$ に対して，$A$ から $B$ への単射および $B$ から $A$ への単射が共に存在すれば，$A$ と $B$ の濃度は等しい．

証明は専門書に任せるが，この定理が反対称律を保証するということを理解して頂ければ，本講の趣旨としては十分である．

以上の議論により，定義 1.5.4 における濃度の大小関係は順序関係になることが示された．次の部分節では，§1.5.1 の (1.7) がどのように示されたのかを見ていこう．

### 1.5.3 整列可能定理

本部分節では，§1.5.1 (1.7) の証明のアウトラインを紹介する．まず，必要最低限の定義を述べてから整列集合という概念を定義しよう．半順序集合

---
[13] 濃度が等しいことは $a = b$ で表されることに注意する．

$(A, \leq)$ において,$X$ を $A$ の空でない部分集合とする.$A$ の元 $a$ が,"$a \in X$ であり,どんな $x \in X$ に対しても $a \leq x$" を満たすとき,$a$ を $X$ の**最小元**という.また,$A$ の元 $b$ が,"$b \in X$ であり,どんな $y \in X$ に対しても $y \leq b$" を満たすとき,$b$ を $X$ の**最大元**という.

**定義 1.5.5** (整列集合)**.**
　半順序集合 $(A, \leq)$ において,$A$ の空でない部分集合が常に最小元をもつとき,$A$ を**整列集合**という.

　整列集合の部分集合や整列集合と順序同型な半順序集合は共に整列集合である.また,整列集合において,任意の二点 $a, b$ をとって部分集合 $\{a, b\}$ を考えれば,$a$ か $b$ のどちらかが最小元となることから,$a \leq b$ か $a \geq b$ のいずれかが成り立つ.即ち,整列集合は全順序集合であることが判る.

　次に,以下で与えられる重要な部分集合を定義しよう.

**定義 1.5.6** (切片)**.**
　整列集合 $(A, \leq)$ において,$A$ の元 $a$ に対して

$$A(a) = \{x \in A \mid x < a\}$$

のことを,$a$ による**切片**という.$a \notin A(a)$ ゆえ $A(a) \subsetneq A$ であることに注意する.

　ここで,整列集合の比較定理を述べるが,証明は専門書を参照されたい.

**定理 1.5.2** (整列集合の比較定理)**.**
　二つの整列集合 $(A, \leq)$, $(B, \leq')$ において,
(i) $A$ と $B$ は順序同型である,
(ii) $A$ は $B$ の適当な切片と順序同型である,
(iii) $B$ は $A$ の適当な切片と順序同型である,
のいずれかが成り立つ.

　この定理のご利益は,整列集合においては,その濃度 $a, b$ に対して

$$\text{(i) } a = b, \quad \text{(ii) } a < b, \quad \text{(iii) } a > b$$

のいずれかが成り立つということが容易に示せることである.まず,定理 1.5.1 から,この三つが同時には起こり得ないことが判る.これにより,二つの整

列集合 $(A, \leq)$, $(B, \leq')$ およびその濃度 $a, b$ に対して，$a \leq b$ あるいは $a \geq b$ となることを示せばよい．しかし，定理 1.5.2 (i) の場合は $a = b$，定理 1.5.2 (ii) の場合は $a \leq b$，定理 1.5.2 (iii) の場合は $a \geq b$ が成り立つので，主張が従う．

以上の議論から，もし任意の集合を何らかの順序関係によって整列集合とすることができれば，§1.5.1 (1.7) を示すことができるわけである．従って，以下の定理を示すことが課題になる．

**定理 1.5.3** (整列可能定理).
任意の集合は，適当な順序によって整列集合にすることができる．

カントール自身，この定理を考えてはいたが，明確な証明はできなかったと推測される．また，1900 年の第二回万国数学者会議において，ヒルベルトは 23 の問題をあげたのであるが，整列可能定理をそのうちの一つとしてあげている．

ツェルメロはこの整列可能定理を証明することにより，§1.5.1 (1.7) を証明したのであるが，実はそれは整列可能定理を次の部分節で紹介する選択公理で置き換えたものであった．

今日，集合論においては，整列可能定理，選択公理，およびツォルンの補題という三つの概念が同値であることが知られている．これらの同値性の証明に関しては専門書を参照されたい．本講では，これらと §1.5.1 (1.7) との関係を述べることによって，その重要性を把握することを目標とする．

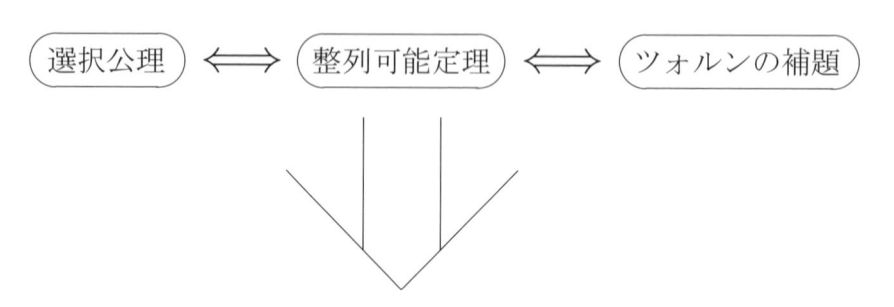

$$\boxed{選択公理} \Longleftrightarrow \boxed{整列可能定理} \Longleftrightarrow \boxed{ツォルンの補題}$$

$$\Downarrow$$

"$a > b, a = b, a < b$ のいずれかが成り立つ" ことの証明

## 1.5.4 選択公理とツォルンの補題

本部分節は前部分節にて言及した選択公理とツォルンの補題を紹介する.

まず選択公理であるが, これは一言でいえば, "無限個の集合から無限個の元を各々とり出すことができる" ということを保証する公理である.

最初に集合系について述べる. そのために, 例として, "集合の列 $A_1, A_2, \cdots, A_n$ が与えられる" ということを見直してみよう. これは自然数 1 に対して $A_1$ を, 2 に対して $A_2$ を, 以下, 自然数 $n$ に対して $A_n$ を対応させる写像が与えられたということである. どの元も集合であるような集合のことを**集合族**というが, 上述の集合の列は, 集合 $\{1, 2, \cdots, n\}$ から集合族 $\{A_1, A_2, \cdots, A_n\}$ への写像 $A : n \longmapsto A_n$ が与えられたと見なせる.

一般に, 空でない集合 $\Lambda$ からある集合族への写像 $A$ のことを, $\Lambda$ の上の**集合系**といい, $(A_\lambda \mid \lambda \in \Lambda)$ あるいは $(A_\lambda)_{\lambda \in \Lambda}$ で表す. $\Lambda$ のことを集合系 $(A_\lambda \mid \lambda \in \Lambda)$ の**添字集合**という.

集合系 $(A_\lambda \mid \lambda \in \Lambda)$ に対して, この集合系の少なくとも一つの $A_\lambda$ の元になるようなもの全体からなる集合のことを, 集合系 $(A_\lambda \mid \lambda \in \Lambda)$ の**和集合**といい, $\cup_{\lambda \in \Lambda} A_\lambda$ や $\cup (A_\lambda \mid \lambda \in \Lambda)$ で表し, この集合系の全ての $A_\lambda$ に含まれる元全体からなる集合のことを, 集合系 $(A_\lambda \mid \lambda \in \Lambda)$ の**共通部分**といい, $\cap_{\lambda \in \Lambda} A_\lambda$ や $\cap (A_\lambda \mid \lambda \in \Lambda)$ で表す.

$\Lambda$ から和集合 $\cup_{\lambda \in \Lambda} A_\lambda$ への写像 $f$ のうちで, $\Lambda$ のどの元 $\lambda$ に対しても $f(\lambda) = f_\lambda \in A_\lambda$ となるようなもの全体の集合のことを集合系 $(A_\lambda \mid \lambda \in \Lambda)$ の**直積**といい, $\Pi_{\lambda \in \Lambda} A_\lambda$ で表す. また, 各 $A_\lambda$ のことを**直積因子**という. 特に, $\Lambda = \{1, 2\}$ のときの集合系 $(A_\lambda \mid \lambda \in \Lambda)$ の直積とは, $f_1 \in A_1, f_2 \in A_2$ となる組 $(f_1, f_2)$ 全体の集合と同じであり, これは $A_1, A_2$ の通常の直積 $A_1 \times A_2$ となる.

集合系 $(A_\lambda \mid \lambda \in \Lambda)$ において, $A_\lambda = \emptyset$ であるような $\lambda \in \Lambda$ が少なくとも一つ存在すれば, その直積 $\Pi_{\lambda \in \Lambda} A_\lambda$ も空集合になる. 一方, この裏に対応するのが選択公理である.

**定義 1.5.7** (選択公理).

"集合系 $(A_\lambda \mid \lambda \in \Lambda)$ において, どの $\lambda \in \Lambda$ に対しても $A_\lambda \neq \emptyset$ となるならば $\Pi_{\lambda \in \Lambda} A_\lambda \neq \emptyset$ となる" という命題のことを**選択公理**という.

つまり, (無限集合も含めた) 一般の集合 $\Lambda$ に対して, $f_\lambda \in A_\lambda$ を抽出してく

ることができることを保証したものが選択公理なのである．我々は有限回の思考しか実行できない．例えば，集合系 $A_1, A_2, \cdots, A_n$ から元 $f_1, f_2, \cdots, f_n$ を選び出すことはできるが，無限集合を添字集合とするような集合系 $A_1, A_2, \cdots$ から元 $f_1, f_2, \cdots$ を選び出すという操作は約束事とせざるを得ない．それを保証するのが選択公理なのである．

**注意 1.5.1.**
　命題 1.3.4 の証明を思い出そう．これは
「無限集合 $A$ に対して，$a_1 \in A$, $a_2 \in A - \{a_1\}$, $a_3 \in A - \{a_1, a_2\}$, $\cdots$, 以下順次に元 $a_n$ をとっていく．$A$ は無限集合なのでこの操作は有限回で終わることはない．よって，$A$ は可算集合 $\{a_1, a_2, a_3, \cdots\}$ を含んでいる．」
とした．しかし，この証明には無意識のうちに選択公理が使われている．実際，$a_1 \in A$ を任意にとり，
$$A_n = A - \{a_1, a_2, \cdots, a_{n-1}\}$$
と定義する．$A$ は無限集合なので，どの $A_n$ も空ではない．よって，選択公理から可算無限部分集合 $\{a_1, a_2, \cdots\}$ ($a_k \in A_k$) をとることができるわけである．


　次はツォルンの補題を紹介しよう．まず，帰納的集合を定義するのであるが，その前に下界，上界という言葉を定義しておこう．
　半順序集合 $(A, \leq)$ と空でない $A$ の部分集合 $X$ をとる．$A$ の元 $a$ が "$X$ のどんな元 $x$ に対しても $a \leq x$" となるとき，$a$ は $X$ の**下界**であるという．また，$A$ の元 $b$ が "$X$ のどんな元 $y$ に対しても $b \geq y$" となるとき，$b$ は $X$ の**上界**であるという．

**例 1.5.2.**
　$(\mathbb{R}, \leq)$ を実数全体の集合に通常の大小関係を考えた半順序集合とする．このとき，二つの集合 $A, X$ を，$A = \mathbb{R}$, $X = \{1, 2, 3\}$ として定義する．このとき，0 や 1 などは $X$ の下界，円周率 $\pi$ や 4 などは $X$ の上界になる．

**定義 1.5.8.**
　半順序集合 $(A, \leq)$ において，全ての全順序部分集合が上界をもつとき，**帰納的**であるという．

## 1.5. 濃度の大小

次に，極大元を定義する．

**定義 1.5.9.**
半順序集合 $(A, \leq)$ に対して，元 $a \in A$ が "$a \leq x$ かつ $a \neq x$ となる元 $x$ が存在しない" という条件を満たすとき，$a$ を**極大元**という．

以上の準備のもとで，ツォルンの補題を述べる．

**定理 1.5.4** (ツォルンの補題)**.**
帰納的半順序集合は少なくとも一つの極大元をもつ．


今回は，濃度の大小に関する議論のアウトラインを，詳細な証明法は省略して論じてみた．ベルンシュタインの定理の証明や，整列可能定理，選択公理，およびツォルンの補題の同値性の証明は集合論における重要な見せ場であるかもしれない．実際，この三つは全く異なる印象を受ける命題であり，これらが同値であるという事実は驚嘆するものであるからである．しかし，これらの同値性の証明は非常に紙面をとる上に，初学者にとっては複雑なものである．本講ではそうした一つ一つの証明法の紹介よりも，そのような定理たちにどのようなご利益があるのかを紹介することに重きを置いた．

定義 1.5.4 によって与えられた濃度の大小関係が順序関係となることを示すために，ベルンシュタインの定理が意味をもつ．さらに，整列可能定理 (あるいは選択公理やツォルンの補題) によって，"$a > b, a = b, a < b$ のいずれかが成り立つ" という命題が示される．以上のストーリーを把握して頂ければ十分である．後の厳密な議論は読者の課題として取り組んで頂きたい．


**演習 15.**
実数全体の集合 $\mathbb{R}$ の部分集合 $U_n$ を以下で定義する：$U_n = \{(-1/n, 1 + 1/n] \mid n \in \mathbb{N}\}$. このとき，これらの和集合 $\cup_{n \in \mathbb{N}} U_n$ と共通部分 $\cap_{n \in \mathbb{N}} U_n$ を求めよ．

## 演習 16.

集合系 $(A_\lambda \mid \lambda \in \Lambda)$ と集合 $B$ に対して，次が成り立つことを示せ．
(1) $(\cup_{\lambda \in \Lambda} A_\lambda) \cap B = \cup_{\lambda \in \Lambda}(A_\lambda \cap B)$.
(2) $(\cap_{\lambda \in \Lambda} A_\lambda) \cup B = \cap_{\lambda \in \Lambda}(A_\lambda \cup B)$.

## 演習 17.

集合 $X$ の部分集合で構成される集合系 $(A_\lambda \mid \lambda \in \Lambda)$ のことを，$X$ の**部分集合系**という．

今，集合 $X$ の部分集合系 $(A_\lambda \mid \lambda \in \Lambda)$ と集合 $Y$ の部分集合系 $(B_\mu \mid \mu \in \Lambda')$，および写像 $f : X \longrightarrow Y$ に対して，以下が成り立つことを示せ．
(1) $f(\cup_{\lambda \in \Lambda} A_\lambda) = \cup_{\lambda \in \Lambda} f(A_\lambda)$.
(2) $f(\cap_{\lambda \in \Lambda} A_\lambda) \subset \cap_{\lambda \in \Lambda} f(A_\lambda)$.
(3) $f^{-1}(\cup_{\mu \in \Lambda'} B_\mu) = \cup_{\mu \in \Lambda'} f^{-1}(B_\mu)$.
(4) $f^{-1}(\cap_{\mu \in \Lambda'} B_\mu) = \cap_{\mu \in \Lambda'} f^{-1}(B_\mu)$.

## 演習 18.

自然数全体の集合 $\mathbb{N}$，整数全体の集合 $\mathbb{Z}$，有理数全体の集合 $\mathbb{Q}$，実数全体の集合 $\mathbb{R}$ に，通常の大小関係を入れて半順序集合とする．このとき，この四つの集合はいずれも順序同型にならないことを示せ．

## 演習 19.

集合 $A$ とその巾集合 $2^A$ において，それぞれの濃度を $a$ と $b$ とする．このとき，以下の問いに答えよ．
(1) $a \leq b$ となることを示せ．
(2) $b \leq a$ とはならないことを示せ．
(3) $a < b$ となることを示せ．

本問により，一つの集合が与えられた後には，その濃度よりも大きな濃度が帰納的に存在するということが判る．このことから，$\aleph_0$ に始まり，より大きな濃度を帰納的に考えていくことによって，可算個の無限集合の濃度の存在が保証される．無限の種類というのも，少なくとも可算個あるわけである．

## 1.6 実数の定義

### 1.6.1 はじめに

(1.9) $$\frac{1}{3} = 0.333\cdots$$

という式をどのように理解すべきであろうか．

一つの受け取り方としては，1を3で"無限回割る"ということが考えられよう．即ち，1を3で割ると，商が0.3で余りが0.1となる．さらに計算を続けていくと，商が0.33になり余りが0.01になる．これを"無限回繰り返して"$0.333\cdots$ が得られるというものである．また，級数による受け取り方もあるだろう．$a_1 = 0.3, a_2 = 0.03, a_3 = 0.003, \cdots$ となる数列を"無限に足した"「$a_1 + a_2 + a_3 + \cdots$」によって循環小数「$0.333\cdots$」を表し，これが収束する等比級数で，和が1/3になるというものである．

ただしここで注意したいことは，演算を無限に行うということを安易に行ってはならないということである．我々は有限の演算を行うことはできる．しかし，有限の演算と無限の演算とを混同すると，様々な不具合が生じる．それを見るために，以下の級数を考えよう：

(1.10) $$1 - 1 + 1 - 1 + 1 - 1 + 1 - 1 + \cdots$$

(1.10)式を「1に$-1$を足し，さらに1を加えて$-1$を加えていくという操作を無限に行ったもの」と考えてみる．(1.10)式に和の結合法則 $(a+b)+c = a+(b+c)$ を適用してみよう．

$$(1-1) + (1-1) + (1-1) + (1-1) + \cdots$$

と考えると，この式は0になる．一方，

$$1 + (-1+1) + (-1+1) + (-1+1) + (-1+\cdots$$

とすると，今度は1となる．つまり $0 = 1$ という，非常に違和感ある式が導かれる．

このように，有限の演算の常識をそのまま無限の演算へと持ち越すことは，一般にはできないのである．よって，有限の概念のみしか用いることができ

ない我々が無限の演算を取り扱うには，無限の演算というものを約束事として定義してやるしかない．では，(1.9) 式の意味は何であろうか．もちろん，(結果的にはそう見えるかもしれないが)"無限回割る"や"無限に足す"という行為で得られるものではない．そのことを理解するためには，実数の定義を正確に把握する必要がある．

　我々は高校までに有理数と実数というものを習う．有理数に無理数を付け加えたものを実数と呼ぶのであった．では，無理数とは何かというと，"有理数でない数"または"循環しない無限小数"などの定義が教科書にはある．まず"有理数でない数"というのは違和感があるだろう．中学校入学時までの段階で，我々にとって"数"とは有理数のことであった(もちろん自然数も習うが，それは有理数に含まれるので省略する)．「数=有理数」と認識している人々が"有理数でない数"なるものを数として認識できるであろうか？また，"循環しない無限小数"というのも，"有理数とは異なる性質の数"というニュアンスがある表現である．実際，教科書では有理数は有限小数または循環小数であると言及した後に，"循環しない無限小数"なるものに触れることから，これは"有理数でない数"という意味を示唆しているわけである．

　しかし，実は"有理数でない数"なるものを導入しなくても，実数は有理数のみを用いて定義されるのである．事実，実数とは"しかるべき有理数列の極限"として定義される．例えば，$\sqrt{2} = 1.41421356\cdots$ という実数は，どのように定義されるかというと，$a_1 = 1.4, a_2 = 1.41, a_3 = 1.414, \cdots$ 以下，$\sqrt{2}$ の小数第 $n$ 位までをとることによって定義される有理数列 $\{a_n\}$ の極限として定義される (今の説明は $\sqrt{2} = 1.41421356\cdots$ という知識を仮定したものなので厳密性はないのだが，感覚的に理解して頂くために先走りをしたことをご理解頂きたい)．つまり，"循環しない無限小数"というものを，"しかるべき有理数列の極限"と理解するのである．ただし，有理数列であれば何でもよいというわけではない．実際，$a_n = n$ や $b_n = (-1)^n$ のような $\infty$ に発散する数列や振動する数列は考えない．この"しかるべき有理数列"を定義する上で，収束という概念を厳密に考えねばならない．

　今回は実数の定義を極限の観点から考えることにする．

## 1.6.2　カントールの実数論

実数には様々な定義の仕方が知られているが，ここではカントールによる実数の構成法を紹介する．

まず，前部分節で触れた"しかるべき有理数列"を定義するために，収束の概念を厳密に見直してみる．"有理数列 $\{a_n\}$ が，$n$ を大きくしていけば，ある有理数 $a$ に限りなく近付く"とき，有理数 $a$ は有理数列 $\{a_n\}$ の極限である，または，有理数列 $\{a_n\}$ が $a$ に収束するという．では，この"限りなく近付く"ということを我々は実行できるであろうか？例えば，黒板に限りなく近付いてみよう．毎日毎日辛抱強く黒板に少しずつ近付いていったとしても，我々の人生は有限なので，限りなく近付くことはできまい．このように，我々が実行できないことを安易にできるとしてしまう，ここに数学的な曖昧さが残るのである．しからば，どのように"限りなく近付く"ことを定義するのか．まず，"$a_n$ が限りなく $a$ に近付く"ということを"$a_n$ と $a$ との距離が限りなく小さくなる"と受け取り，"$|a_n - a|$ が限りなく0に近付く"として考えよう．簡単のため，$b_n := a_n - a$ で置き換えてやり，"$b_n$ が限りなく0に近付く"ということを見ていく．$b_n$ を下図のように $(x,y)$ 平面上に配置しよう：

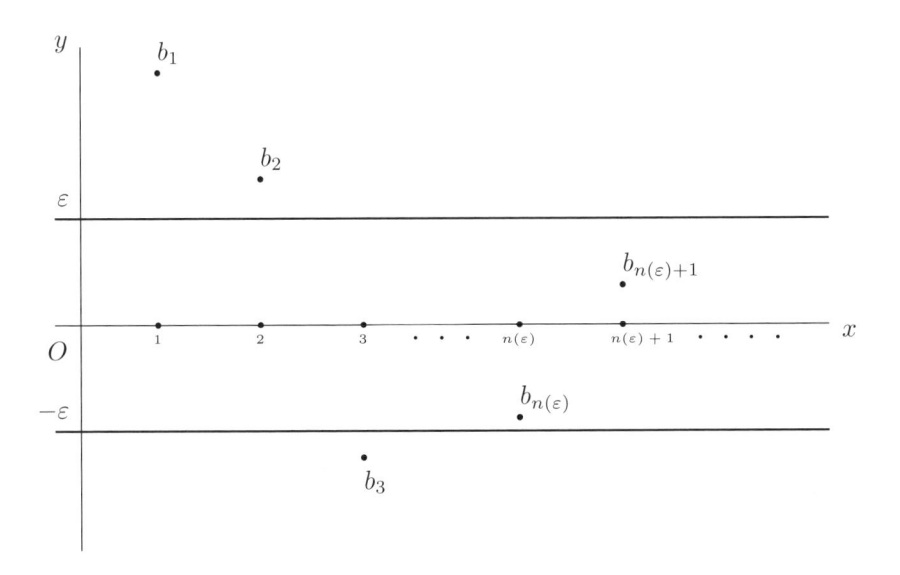

ここで正の有理数 $\varepsilon$ をとり, 二直線 $y = \varepsilon$, $y = -\varepsilon$ で囲まれた領域を考え, これを $\varepsilon$ 近傍と名付けておく. $a_n$ は $n$ を大きくしていけば $0$ に近付くので, 十分大きな自然数 $n(\varepsilon)$ をとれば, それ以降の数列 $a_n$ $(n \geq n(\varepsilon))$ たちは, この $\varepsilon$ 近傍の中に入る. 同様に, この $\varepsilon$ をどんなに小さくとっても, それに応じて十分大きな $n(\varepsilon)$ をとれば, それ以降の数列 $a_n$ たちは全て $\varepsilon$ 近傍に含まれる. このことを収束の定義とするのである. 尚, 慣習に従って上述の $n(\varepsilon)$ のことを $n_0$ で表すことにする.

**定義 1.6.1** (収束).
"任意の正の有理数 $\varepsilon$ に対して, 適当な自然数 $n_0$ をとれば, $n \geq n_0$ となる全ての自然数 $n$ に対して $|b_n| < \varepsilon$"が成り立つとき, 有理数列 $\{b_n\}$ は $0$ に収束するという.

一般に, 有理数列 $\{a_n\}$ が有理数 $a$ に**収束**することを "任意の正の有理数 $\varepsilon$ に対して, 適当な自然数 $n_0$ をとれば, $n \geq n_0$ となる全ての自然数 $n$ に対して $|a_n - a| < \varepsilon$"が成り立つことにより定義し, $a_n \longrightarrow a$ $(n \longrightarrow \infty)$ または $\lim_{n \to \infty} a_n = a$ などと表す. さらに, $a$ のことを $\{a_n\}$ の**極限**という.

これで, 有理数列の収束および極限は定義されたのではあるが, この定義では数列の収束性を調べるために, その数列の極限 $a$ を推測しなければならない. $a_n = 1/n$ のような簡単な数列ならば, その極限が $0$ になることは想像できようが, 一般に, 極限を求めることが困難な数列もあり得るし, 前部分節末尾に与えた $\sqrt{2}$ に収束するような有理数列など, 極限が有理数の範囲をはみ出すような数列もあり得る[14]. よって, 有理数の範囲内で実数を定義するためには, いきなり有理数列の極限を考えることはできず, 極限の概念を有理数の範囲内で受け取り直す必要があるのである. 以下ではその詳細を説明する.

有理数列 $a_1, a_2, \cdots$ がある $a$ に近付くとしよう. このとき, 二つの番号 $m, n$ に対する $a_m, a_n$ を考えると, $m, n$ を大きくしていけば, $|a_m - a_n|$ は $0 \,(= |a - a|)$ に近付くはずである. つまり, 何かある値に収束するような数列 $\{a_n\}$ というものは, $m, n$ を大きくしていけば, $a_m$ と $a_n$ が限りなく近付

---

[14]例えば, ウォリスの公式から

$$\lim_{n \to \infty} \frac{2 \cdot 2 \cdot 4 \cdot 4 \cdots (2n)(2n)}{1 \cdot 3 \cdot 3 \cdot 5 \cdots (2n-1)(2n+1)} = \frac{\pi}{2}$$

であることが知られているが, この極限 $\pi/2$ を見抜くのは難しいであろう.

## 1.6. 実数の定義

いていくのである．この性質が数列の収束に対する本質的な条件になっており，以下で定義される数列が，前部分節にて言及した "しかるべき有理数列" となる．

**定義 1.6.2** (コーシー列，基本列)．
　有理数列 $\{a_n\}$ が "任意の有理数 $\varepsilon > 0$ に対して，適当な自然数 $n_0$ をとれば，$m, n \geq n_0$ となる全ての自然数 $m, n$ に対して $|a_m - a_n| < \varepsilon$" が成り立つとき，$\{a_n\}$ のことを，**コーシー列**または**基本列**という．

　コーシー列であるための条件には，極限が一切出てきておらず，全て有理数の範囲内で与えられていることを注意しておく．

　ここで，実数の定義を述べる．まず，コーシー列全体の集合を $Q$ とおく：

$$Q := \{\{a_n\} \mid \{a_n\} \text{はコーシー列}\}.$$

ここで，$Q$ に次のような二項関係 $\rho$ を定義する：

(1.11) 　　$\{a_n\}, \{b_n\} \in Q$ において，$\{a_n\}\rho\{b_n\} \iff \lim_{n \to \infty}(a_n - b_n) = 0.$

つまり，コンセプトとしては，極限が一致するコーシー列は同じものとするわけである．ただし，注意したいのは，$\{a_n\}\rho\{b_n\}$ なる $\{a_n\}$ や $\{b_n\}$ に対して，$\{a_n\}$ (または，$\{b_n\}$) の極限自身は有理数かどうかは判らないが，その差である $\{a_n - b_n\}$ の極限は 0 という有理数になるので，$\rho$ は $Q$ における二項関係として矛盾なく定義されるということである．

　(1.11) 式のように定義された $\rho$ が，実は $Q$ における同値関係を定義することを確認するのは簡単であるので読者の演習としたい．そして $Q$ の $\rho$ による商集合が実数なのである：

**定義 1.6.3** (実数)．
　$Q$ の $\rho$ による商集合 $Q/\rho$ を $\mathbb{R}$ で表し，$\mathbb{R}$ の元を**実数**という．

　定義 1.6.3 の感覚的な意味を述べよう．$\mathbb{R}$ はコーシー列による同値類たちで構成されているわけである．同値類 $C(\{a_n\})$ を一つとると，それに対して $\lim_{n \to \infty} a_n$ が一つ定まる．何故ならば，$C(\{a_n\})$ の別の代表元 $\{b_n\}$ を考えても，$\lim_{n \to \infty} a_n = \lim_{n \to \infty} b_n$ となるので，極限は一致するからである．

つまり，各同値類はコーシー列の極限に対応する．よって，$\mathbb{R}$ はコーシー列の極限全体の集合と理解でき，それを有理数の範囲内で表現したものがコーシー列による同値類全体の集合なのである．

本部分節最後に，$\mathbb{R}$ において有理数全体の集合 $\mathbb{Q}$ がどのような真部分集合として実現されるかを考えておこう．今，任意の有理数 $m/n$ に対して，$a_1 = m/n, a_2 = m/n, a_3 = m/n, \cdots$ で定義される有理数列 $\{a_n\}$ をとると，これは当然 $\{a_n\} \in Q$ となる．これの $\mathbb{R}$ における同値類 $C(\{a_n\})$ によって，$\mathbb{Q}$ から $\mathbb{R}$ への単射が定義され，$\mathbb{Q}$ が $\mathbb{R}$ の真部分集合として実現されるのである：

$$\begin{array}{ccc} \mathbb{Q} & \longrightarrow & \mathbb{R} \\ \{a_n\} & \longmapsto & C(\{a_n\}) \end{array}$$

このような $C(\{a_n\})$ を $m/n$ で表すことにする．

### 1.6.3 実数の性質

本部分節では $\mathbb{R}$ における大小関係や四則演算を定義し，その後で実数のもつ性質を紹介する．ただし，紙面の都合上，詳細な証明は専門書に任せることとする．まずは大小関係と四則演算を考える．これによって，"コーシー列による同値類" とした実数というものを，通常の数として考えることができるのである．

**定義 1.6.4** (大小関係)．

"二つの実数 $a = C(\{a_n\}), b = C(\{b_n\})$ に対して，適当な有理数 $\delta > 0$ と自然数 $n_0$ をとれば，$n \geq n_0$ となる全ての自然数 $n$ に対して $a_n - b_n > \delta$" が成り立つとき，$a > b$ であると定義する．

定義 1.6.4 の大小関係は順序関係を与えるだけでなく，二つの実数 $a, b$ をとると，$a = b, a > b, b > a$ のいずれかが成り立つ．

## 1.6. 実数の定義

**定義 1.6.5** (四則演算).
　実数 $a = C(\{a_n\})$, $b = C(\{b_n\})$ に対して,
　(i) (和, 差) $a \pm b := C(a_n \pm b_n)$,
　(ii) (積) $a \cdot b := C(a_n \cdot b_n)$,
　(iii) (商) $\dfrac{a}{b} := C\left(\dfrac{a_n}{b_n}\right)$ ただし, $b \neq 0$, $b_n \neq 0$,
によって四則演算を定義する.

　定義 1.6.5 の四則演算に対して,
(i) $a + b = b + a$, (ii) $(a+b) + c = a + (b+c)$, (iii) $a \cdot b = b \cdot a$,
(iv) $(a \cdot b) \cdot c = a \cdot (b \cdot c)$, (v) $(a+b) \cdot c = a \cdot c + b \cdot c$, (vi) $0 + a = a$,
(vii) $1 \cdot a = a$,
が成り立つ.

　有理数列 $\{a_n\}$ がコーシー列ならば, 絶対値を付けた $\{|a_n|\}$ もコーシー列である. このことから, 実数 $a = C(\{a_n\})$ の**絶対値**を $|a| = C(\{|a_n|\})$ によって定義する. また, $a > 0$ である実数 $a$ を**正の実数**, $0 > a$ となる実数 $a$ を**負の実数**という.

　以上で, 通常の数において定義される基本事項が全て与えられた. 次は実数が満たす性質を紹介しよう. 極限という概念を最も早く利用したのはアルキメデスであるといわれており, 以下はその基盤となったものである:

**定理 1.6.1** (アルキメデスの原理).
　任意の正の実数 $a, b$ に対して, $n \cdot a > b$ となるような自然数 $n$ が存在する[15].

　前部分節において, $\mathbb{Q}$ は $\mathbb{R}$ の真部分集合となることに言及した. では, $\mathbb{Q}$ は $\mathbb{R}$ において, どの程度の散らばり具合かというと, 実は非常に稠密に散らばっている:

**定理 1.6.2** (有理数の稠密性).
　任意の二つの実数 $a$ と $b$ ($a < b$) に対して, $a < c < b$ となる有理数 $c$ が存在する.

---
　[15]これにより, $\lim_{n \to \infty} 1/n = 0$ が示せる. 実際, 任意の有理数 $\varepsilon > 0$ に対して, アルキメデスの原理から $n_0 \cdot \varepsilon > 1$ となる自然数 $n_0$ が存在する (上において $a = \varepsilon, b = 1, n = n_0$ とした). $n \geq n_0$ となる全ての自然数 $n$ に対して $|1/n - 0| = 1/n \leq 1/n_0 < \varepsilon$ となるので主張が従う.

この性質が何故 "稠密性" を意味するのかを少し補足する．定理 1.6.2 により，$a$ と $c$ の間にも何かしらの有理数 $d$ が存在し，さらに $a$ と $d$ の間にも有理数が存在する．この議論を繰り返すことによって，感覚的には次図 (i) のような散らばり方はせず，次図 (ii) のようになっている．これが稠密性を意味しているわけである．

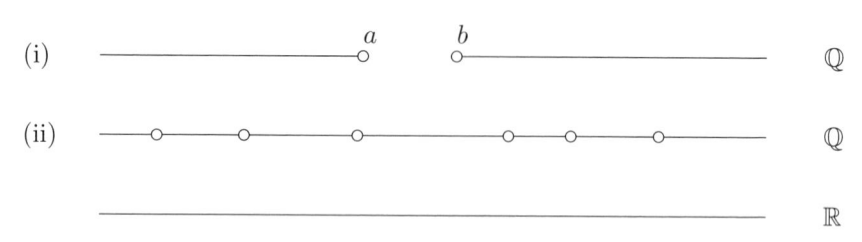

(i) ──────────●────●──────────── $\mathbb{Q}$
                $a$    $b$

(ii) ───○───○───○─────○───○───○─── $\mathbb{Q}$

─────────────────────────── $\mathbb{R}$

次に実数における収束性を考える．実数列 $\{a_n\}$ に対する収束およびコーシー列の概念は，定義 1.6.1 および定義 1.6.2 内の有理数列 $\{a_n\}$ や正の有理数 $\varepsilon$ を実数列 $\{a_n\}$ や正の実数 $\varepsilon$ に置き換えることによって定義される．

有理数列においてはコーシー列が有理数の範囲内で収束するとは限らない．しかし，有理数と実数の決定的な違いは，実数列によるコーシー列は実数の範囲内で収束するということである．これを実数の完備性という：

**定理 1.6.3** (実数の完備性)．
実数列におけるコーシー列は適当な実数に収束する．

### 1.6.4 付録

最後に，(1.9) 式, (1.10) 式の意味を，実数の観点から考えよう．まず，(1.10) 式から見ていくが，その前に級数の定義を復習しておこう．数列 $a_1, a_2, a_3, \cdots$ が与えられたとき，この各項の間に + の記号を入れた

$$a_1 + a_2 + a_3 + \cdots$$

と書いたものを**級数**という．ただし，これは $a_1, a_2, a_3, \cdots$ を "無限回足す" という意味ではなく，単なる記号にすぎない．これに以下のような意味付けをする．$a_1, a_2, a_3, \cdots$ の $n$ 項までの和

$$s_n := a_1 + a_2 + \cdots + a_n$$

## 1.6. 実数の定義

のことを，この級数の**部分和**という．$n$ が大きくなっていくとき，$s_n$ がある値 $s$ に近付くならば，この級数は**収束**するといい，$s$ をこの**級数の和**という．一方，$n$ が大きくなっていくとき，$s_n$ がどんな値にも近付かないならば，この級数は**発散**するといい，この級数は**和をもたない**という．ここでいう "級数の和" や "和をもたない" などの用語は単なる言葉であって，実際に "足し算を行ったことによる和" などの意味は一切ない．

この観点から (1.10) 式を見てみると，(1.10) 式の部分和 $s_n$ は $s_1 = 1, s_2 = 0, s_3 = 1, s_4 = 0, \cdots$ というように 1 と 0 とを振動することから，発散する級数で和をもたない級数ということである．繰り返し述べるが，(1.10) 式内にある "+"，"−"，"+$\cdots$" などの記号は上のように意味付けられた記号であって，従来の足し算や引き算の意味はない．

次に，(1.9) 式を考えよう．高校の教科書にある右辺の意味を思い出してみると，$b_n = 3/10^n$ で定義される数列 $\{b_n\}$ による級数 $b_1 + b_2 + \cdots$ のことを $0.333\cdots$ で表したのであった．これを念頭において考えてみる．

この級数 $b_1 + b_2 + \cdots$ の部分和 $\{s_n\}$ がコーシー列になることを示すのは簡単なので確認されたい．現段階ではまだ $\{s_n\}$ が有理数に収束するかは不明であるので，級数の和 $0.333\cdots$ を考える以上，(1.9) 式は完備性が保証される実数の範囲内で考えるべきものである．そこで右辺を定義 1.6.3 の観点で書き直してみると，同値類 $C(\{s_n\})$ が $0.333\cdots$ になるのである．一方，左辺は有理数を実数として見た $1/3$ であることから，$a_1 = 1/3, a_2 = 1/3, \cdots$ で定義される $\{a_n\}$ による同値類 $C(\{a_n\})$ である．

今，$C(\{a_n\}) = C(\{s_n\})$ となることを示そう．実際，

$$a_1 - s_1 = \frac{1}{30}, \ a_2 - s_2 = \frac{1}{3 \cdot 10^2}, \ \cdots, \ a_n - s_n = \frac{1}{3 \cdot 10^n}$$

となる．よって，$\lim_{n \to \infty}(a_n - s_n) = 0$ となることから，$C(\{a_n\}) = C(\{s_n\})$ が従い，(1.9) 式を得る．

ここで，注意したいことが二点ある．まず (1.9) 式において，$0.333\cdots$ という記号は同値類 $C(\{s_n\})$ を別の記号で表しただけのものであって，1 を 3 で "無限回割って" 得られるという意味は一切なく，ただの記号にすぎないということである．次に，実数はコーシー列による同値類と定義したので，純粋な有理数とは "=" などの比較ができないということである．(1.9) 式を見る

と，1/3 という有理数と 0.333... という実数とを比較しているように見える．しかし，左辺の 1/3 という記号は有理数を実数の元として表した $C(\{a_n\})$ のことであるから比較ができるのである．このように，実数を表現する方法は一通りではない．実際，上述の 1/3 や 0.333... は同じ実数を違う方法で表しているわけである．

**演習 20.**
次の数列の極限を求めよ．
(1) $a_n = 1/n^2$ で定義される実数列 $\{a_n\}$．
(2) $b_n = \sqrt{n+1} - \sqrt{n}$ で定義される実数列 $\{b_n\}$．

**演習 21.**
以下の問いに答えよ．
(1) $0 \le x < 1$ のとき，$\lim_{n \to \infty} x^n = 0$ となることを示せ．
(2) $x > 1$ のとき，$\lim_{n \to \infty} n/x^n = 0$ となることを示せ．

**演習 22.**
以下で与えられる実数列の $n$ 項までの和 $s_n$ が基本列になるかどうかを判定せよ．
(1) $a_n = 1/n$ で定義される実数列 $\{a_n\}$．
(2) $b_n = 1/n^2$ で定義される実数列 $\{b_n\}$．

**演習 23.**
$1 = 0.999\cdots$ という式の厳密な意味を，実数の定義の観点から述べよ．

## 1.7 実数の連続性

### 1.7.1 連続とは

我々は高校までに有理数と実数というものを習う．有理数に無理数を付け加えたものを実数と呼び，実数全体の集合 $\mathbb{R}$ は数直線と同一視された．数直

## 1.7. 実数の連続性

線上で有理数全体の集合 $\mathbb{Q}$ を考えると，$\sqrt{2}$ や円周率 $\pi$ などの無理数が抜け落ちている分，穴だらけの集合となり，これに無理数を付け加えることによって数直線という，"穴のない連続な直線"が出来上がるのであった．

―――――――――――――――――――――――― $\mathbb{R}$

これが本節の主題である「実数の連続性」の感覚的な理解である．では，このような"穴のない連続な状態"を厳密に記述するにはどうしたらよいのであろうか？

そのために，穴のある集合 $\mathbb{Q}$ と穴のない集合 $\mathbb{R}$ とを比較してみよう．穴があるとはいえ，$\mathbb{Q}$ の穴は目で見えるレベルの穴ではない．実際，

$a$ ●　　　　● $b$

のような二つの有理数 $a, b$ をとると，その間には有理数 $c$ が存在する (例えば $c = (a+b)/2$)．同様に，$a$ と $c$，$c$ と $b$ の間にも有理数が存在し，この議論を続けていくことによって，$\mathbb{Q}$ が直線において稠密であることが判る．よって，$\mathbb{Q}$ の図を描くとしたら

―――――――――――――――――――――――― $\mathbb{Q}$

とでもするしかあるまい[16]．では，例えば $\sqrt{2}$ という穴をどう表現するか．一つの方法としては，$\mathbb{Q}$ や $\mathbb{R}$ を $\sqrt{2}$ の箇所で切断するというものがある．このような切断を $\mathbb{Q}$ で行えば

――――――――○　　　○―――――――――― 1 図

のように，切り口の両端が空洞になる．一方，$\mathbb{R}$ で行えば

――――――――●　　　○―――――――――― 2 図

――――――――○　　　●―――――――――― 3 図

のように，切り口のどちらか片方の端が埋まった状態になる．このように，直

―――――――
[16] もちろん，この直線には無理数による穴が無数にある．

線が連続であるということは，それをどこで切ったとしても，2図や3図のような状態が生じることを意味し，1図のようなことは起こり得ないということである．

また，これと異なる手法としては，$\sqrt{2}$ を "何らかの集合の境界点"，例えば $A = \{x \mid x^2 < 2\}$ の境界点，として表現するものもある．

$$\underline{\hspace{3cm}(\hspace{2cm}\underset{A}{\hspace{0cm}}\hspace{2cm})\underset{\sqrt{2}}{\hspace{0cm}}\hspace{3cm}}$$

$A$ を $\mathbb{Q}$ の部分集合として考えると，その境界点は $\mathbb{Q}$ の元にはならない．しかし，$A$ を $\mathbb{R}$ の部分集合としてみれば，その境界点は $\mathbb{R}$ の元となる．このような，"しかるべき部分集合の境界点の存在" によって連続を表現するのである．

もう一つの手法としては，$\sqrt{2}$ を適当な数列，例えばコーシー列の極限として表現するものもある[17]．例えば，$a_1 = 1.4, a_2 = 1.41, a_3 = 1.414, \cdots$，即ち，$\sqrt{2}$ の小数第 $n$ 位までの値によって定義されるコーシー列 $\{a_n\}$ を考えてみよう．

$$\underline{\hspace{2cm}\underset{a_1}{\bullet}\hspace{1cm}\underset{a_2}{\bullet}\hspace{0.3cm}\bullet\hspace{0.1cm}\longrightarrow\hspace{0.1cm}\bullet\bullet\underset{\sqrt{2}}{\hspace{0cm}}\hspace{2cm}}$$

$\mathbb{Q}$ の範囲でコーシー列 $\{a_n\}$ を考えても，その極限は $\mathbb{Q}$ には入らないが，$\mathbb{R}$ の範囲で考えると，その極限は $\mathbb{R}$ に入る．一般に，コーシー列を $\mathbb{Q}$ の範囲で考えても，その極限が $\mathbb{Q}$ に値をとるとは限らないが，$\mathbb{R}$ の範囲で考えれば，その極限は必ず $\mathbb{R}$ に値をとる (実数の完備性)．このように，完備性などによって連続を表現するわけである．

以上，連続性には様々な表現方法があるのであるが，今回はこのことについて論じたいと思う．

### 1.7.2 実数の特徴付け

まず，実数全体の集合 $\mathbb{R}$ が満たす以下の計 17 個の性質を述べることにしよう．この性質は主に (i) 四則演算，(ii) 順序，(iii) 連続の公理，の三つに分類

---

[17] 以下の議論はアルキメデスの原理による順序の規制を仮定したものであるが，ここでそれを述べるのは議論を複雑化させる可能性があるので省略することとする．

## 1.7. 実数の連続性

され，このような 17 個の性質をもつ集合は，本質的に実数しかないことが知られている．つまり，以下の 17 個の性質が実数の公理系を与えるのである．

### 1.7.3 四則演算

$\mathbb{R}$ の任意の二つの元 $a, b$ に対して，その**和** $a+b$，**積** $ab$ と呼ばれる実数が定義され，次の (1.12) から (1.21) までの条件を満たす．

(1.12) (和の交換法則)　　$a + b = b + a.$

(1.13) (和の結合法則)　　$(a + b) + c = a + (b + c).$

(1.14) (零元の存在)　$\mathbb{R}$ の元 $0$ が存在して，どんな $a \in \mathbb{R}$ に対しても，
$$a + 0 = a \text{ を満たす．}$$

(1.15) (逆元の存在)　どんな $a \in \mathbb{R}$ に対しても，$-a \in \mathbb{R}$ が存在して，
$$a + (-a) = 0 \text{ を満たす．}$$

(1.16) (積の交換法則)　　$ab = ba.$

(1.17) (積の結合法則)　　$(ab)c = a(bc).$

(1.18) (分配法則)　　$a(b + c) = ab + ac, \quad (a + b)c = ac + bc.$

(1.19) (単位元の存在)　$\mathbb{R}$ の元 $1$ が存在して，どんな $a \in \mathbb{R}$ に対しても，
$$a1 = a \text{ を満たす．}$$

(1.20) (逆元の存在)　$0$ でない任意の $a \in \mathbb{R}$ に対して，$a^{-1} \in \mathbb{R}$ が存在して $aa^{-1} = 1$ となる．

(1.21) (0 以外の元の存在)　　$1 \neq 0.$

$a + (-b)$ を $a - b$ で表し，$a$ と $b$ の**差**という．また，$ab^{-1}$ は $a/b$, $\frac{a}{b}$ などと記し，$a$ の $b$ による**商**という．和，差，積，商を作る演算をそれぞれ**加法**，**減法**，**乗法**，**除法**という．

一般に，加法と乗法が定義された集合で，(1.12) から (1.21) を満たすものを**体**という[18]．そこで $\mathbb{R}$ のことを**実数体**という．体の例としては，有理数全体の集合 $\mathbb{Q}$ や複素数全体の集合 $\mathbb{C}$ などもある．

---

[18]体についての詳細は第 3 章番外編を参照されたい．

**注意 1.7.1.**

$a0 = 0$ が成り立つことは常識としてご存知であろう．しかし，これはどのように証明されるかと問われると，すぐに答えられるであろうか？まず，(1.14) により $0 + 0 = 0$ である．この両辺に $a$ をかけると $a(0+0) = a0$ であり，(1.18) から $a0 + a0 (= a(0+0)) = a0$ となる．さらに (1.15) により存在の保証された $-a0$ を，この両辺に足して $(a0 + a0) - a0 = a0 - a0$ となり，(1.13) から $a0 = 0$ となるわけである．つまり，今，証明の手順で用いた (1.13), (1.14), (1.15), (1.18) のうち，どれか一つでも成り立たない世界では，$a0 = 0$ が成り立つかどうかが判らないのである．このように，数学において "常識" という言葉を乱用するのは危険である．

**注意 1.7.2.**

中学校時代，"$- \times - = +$" や "$- \times + = -$" などの積を習ったことであろう．これらは上述の性質を用いて証明することができる．実際，(1.15) により $a + (-a) = 0$ となる．この両辺に $(-b)$ をかけて $\{a + (-a)\}(-b) = 0(-b)$ となり，(1.18) と注意 1.7.1 を用いると $a(-b) + (-a)(-b) = 0$ となる．この両辺に $ab$ を足すことによって，(1.13) と (1.14) から $(-a)(-b) = ab$ を得る．$(-a)b = -(ab)$ も各自確認されたい．

## 1.7.4 順序

任意の $a, b \in \mathbb{R}$ に対して，従来の "$a$ は $b$ より小であるか等しい" という関係 $a \leq b$ は，どんな $a, b, c \in \mathbb{R}$ に対しても以下の (1.22) から (1.27) を満たす．尚，$a \leq b$ は $b \geq a$ とも表すことにする．

(1.22)　（反射律）　　$a \leq a$.

(1.23)　（反対称律）　$a \leq b$ かつ $b \leq a$ ならば $a = b$.

(1.24)　（推移律）　　$a \leq b$ かつ $b \leq c$ ならば $a \leq c$.

(1.25)　（全順序性）　$a \leq b$ または $b \leq a$ の少なくとも一方が成り立つ．

(1.26)　$a \leq b$ ならば $a + c \leq b + c$.

(1.27)　$a \geq 0$ かつ $b \geq 0$ ならば $ab \geq 0$.

1.7. 実数の連続性 73

また，"$a \leq b$ かつ $a \neq b$" という関係を $a < b$ や $b > a$ などと表す．$a > 0$ や $a < 0$ に応じて $a$ を**正**または**負**という．

一般に，(1.12) から (1.27) を満たす集合を**順序体**という．順序体の例としては $\mathbb{R}$ 以外にも $\mathbb{Q}$ などがあるし，その他の例も知られている．$\mathbb{R}$ 以外の順序体も数多ある中で，実数体を特徴付けるのが次の連続の公理である．

### 1.7.5 連続の公理

本部分節では，§1.7.1 で言及した "しかるべき部分集合の境界点の存在" を意味する連続の公理を紹介する．連続の公理を述べる前に言葉を二つほど準備しよう．

まず，実数の部分集合の有界性について定義を述べる．以下は §1.5.4 にて与えたものの特殊版であり重なる箇所もあるが，復習の意味を込めて再度与えることとする．今，$K$ を $\mathbb{Q}$ か $\mathbb{R}$ のどちらかとしておく．

**定義 1.7.1** (上界，下界)．
　$K$ の元 $b$ が $K$ の部分集合 $A$ の**上界** (または**下界**) であるとは，どんな $a \in A$ に対しても，$a \leq b$ (または $a \geq b$) が成り立つことをいう．$A$ に上界 (または下界) があるとき，$A$ は**上に有界** (または**下に有界**) といい，上下に有界のとき，単に**有界**という．

次に，"しかるべき部分集合の境界点" の "境界点" に対応するものを導入する．

**定義 1.7.2** (上限，下限)．
　$A$ の上界の集合の最小元 (または下界の集合の最大元) のことを $A$ の上限 (または下限) といい，$\sup A$ (または $\inf A$) で表す．

**例 1.7.1.**
　$K = \mathbb{R}$ とする．$A = (-2, 2] (\subset \mathbb{R}) = \{x \in \mathbb{R} \mid -2 < x \leq 2\}$ に対して，$-4$ や $-100$ などは下界，$5$ や $17$ などは上界である．また，$-2$ は下限，$2$ は上限である．ちなみに，$A$ の最大元は $2$ であるが，最小元は存在しない．

ここで有理数体 $\mathbb{Q}$ と実数体 $\mathbb{R}$ との違いを上限を通して見ていこう (下限を考えても似たような議論なので割愛する)．$\mathbb{R}$ の範囲で考える場合，$A$ が上に

有界であればその上限は $\mathbb{R}$ の元となる．しかし，$\mathbb{Q}$ の範囲で考えると，$A$ が上に有界であったとしてもその上限が $\mathbb{Q}$ 内に存在するとは限らないのである．

**例 1.7.2.**
$B = \{x \in \mathbb{Q} \,|\, x > 0,\, x^2 < 2\}$ は上に有界であるが，上限は存在しない．実際，2 や 3 などは $B$ の上界であることから，$B$ は上に有界であることが判る．また，$s$ を $B$ の上限とすると，$s^2 = 2$ となり，このような $s$ は有理数ではない．以上により，$B$ には上限は存在しない．

このように，$\mathbb{Q}$ のような穴がある集合で，上に有界な集合の上限を考えた場合，その穴の箇所で上限が存在しないという現象が起こっている．つまり，"穴がない状態" とは，上に有界な集合における上限の存在性にあるのである．この意味で，次は**連続の公理**といわれている．

(1.28) 　実数体 $\mathbb{R}$ において，上に有界な空でない任意の部分集合の上限が $\mathbb{R}$ の中に存在する．

連続の公理の一つの応用として，以下を紹介しよう．$\mathbb{Q}$ には含まれない $\sqrt{2}$ や $\sqrt{3}$ などの平方根が $\mathbb{R}$ には存在するのである．

**命題 1.7.1** (平方根の存在)．
任意の正の実数 $a$ に対して，$b^2 = a$ となる正の実数 $b$ が存在する．

*Proof.* 実際，$A = \{x \in \mathbb{R} \,|\, x \geq 0,\, x^2 \leq a\}$ とおくと，これが上に有界な集合になり，$A$ の上限が題意の $b$ を与える． □

## 1.7.6 　連続の公理の別表現

前部分節において連続の公理を紹介したのであるが，これと同値な定理がいくつか知られている．つまり，連続の公理には様々な表現方法がある．本部分節ではそのうちのいくつかを紹介したい．尚，詳細な証明は専門書に任せることとする．

まず，天下り式に登場人物を述べていき，詳しい内容は各部分節に分けることにしよう．

(A) アルキメデスの原理，

## 1.7. 実数の連続性

(B) 連続の公理,
(C) 完備性,
(D) デデキントの公理.

これらにおいて，次の同値性が知られている：

**定理 1.7.1.**
以下の三つの条件は全て同値である．
(i) (A) と (C), (ii) (B), (iii) (D).

### 1.7.7　(A) アルキメデスの原理

極限という概念を最も早く利用したのはアルキメデスであるといわれており，以下はアルキメデスが球の体積および表面積を求めた著作の中で，議論の基盤となったものである．一方，これは順序に関する規制を与えており，順序体の中にはこれを満たさないものもある．

**定理 1.7.2** (アルキメデスの原理)**.**
任意の正の実数 $a, b$ に対して，$n \cdot a > b$ となるような自然数 $n$ が存在する．

### 1.7.8　(C) 完備性

(C) を述べる前に，コーシー列の復習をしておこう．これは「§1.6 実数の定義」にて述べたので重複することになるが，ご理解を頂きたい．コーシー列を一言でいえば，何らかの極限をとりうる，しかるべき数列である．

**定義 1.7.3** (コーシー列，基本列)**.**
有理数列 $\{a_n\}$ が "任意の有理数 $\varepsilon > 0$ に対して，適当な自然数 $n_0$ をとれば，$m, n \geq n_0$ となる全ての自然数 $m, n$ に対して $|a_m - a_n| < \varepsilon$" が成り立つとき，$\{a_n\}$ のことを，**コーシー列**または**基本列**という．また，これは実数列に対しても同様に定義される．

$\mathbb{Q}$ と $\mathbb{R}$ の決定的な違いは，コーシー列の収束性にある．即ち，$\mathbb{Q}$ の範囲でコーシー列を考えても，その極限が有理数に値をとるとは限らないのであるが，$\mathbb{R}$ の範囲でコーシー列を考えれば，それは実数の範囲内で収束する．これを実数の完備性という：

**定理 1.7.3** (実数の完備性).
　実数列におけるコーシー列は適当な実数に収束する.

**注意 1.7.3.**
　連続の公理は (A) と (C) を合わせたものに同値なのであるが，一見すると (C) のみでよさそうに見える．しかし，順序体の中には (C) は満たすが (A) を満たさないものがある.

### 1.7.9　(D) デデキントの公理

　上述の (D) は §1.7.1 の切断の議論に対応する．
今，$\mathbb{R}$ を次のような二つの集合 $A, B$ に分割する：

$$
\begin{aligned}
&\text{(i)} \quad A \neq \emptyset,\ B \neq \emptyset,\ \text{かつ},\ A \cup B = \mathbb{R}, \\
&\text{(ii)} \quad a \in A,\ b \in B\ \text{ならば},\ a < b.
\end{aligned}
$$

このような $A, B$ の組のことを**切断**という．$A$ をこの切断の**下組**，$B$ を**上組**という.

**デデキントの公理．**
　$\mathbb{R}$ の切断をとれば，必ず，上組に最小元があるか，下組に最大元が存在する.


　今回は実数の連続性の議論に触れてみた．実数は順序体でかつ連続の公理を満たす公理系として特徴付けられる．また，連続の公理，即ち，実数の連続性を表現する方法はこれ以外にも，切断を用いる手法，数列の極限を用いる手法など様々ある．今回は触れなかったが，区間縮小法やボルツァーノ・ワイエルストラスの定理なども，連続の公理と同値な命題を構成する重要な要素なのであるが，紙面の都合で割愛した．興味のある読者は専門書を参照されたい.
　我々は有限の概念しか用いることができない．そして，有限の概念を用いて無限を理解するという課題は数学における大きな問題であろう．連続という概念は，いわば，無限の概念といえる．事実，実数の完備性などに見られ

## 1.7. 実数の連続性

るように，実数の連続性を厳密に議論するには数列の極限の概念，即ち，"限りなく近付く"という無限の概念を用いるわけである．

連続という言葉は数学において様々な形で現れる．直線の連続性を始めとして，関数の連続性なども高校までの数学教育でお馴染みのものであろう．では，関数の連続性はどのように厳密に定義されるのであろうか？また，より一般に，抽象的な集合における連続という概念はどのように定義されるのであろうか？こうした連続の厳密な議論，それが位相という概念なのである．

**演習 24.**

$K$ を整数全体の集合 $\mathbb{Z}$ または有理数全体の集合 $\mathbb{Q}$ とする．今，$K$ を以下の二つの集合 $A, B$ に分割する：

(i)  $A \neq \emptyset, B \neq \emptyset,$ かつ，$A \cup B = K,$

(ii) $a \in A, b \in B$ ならば，$a < b.$

このような $A, B$ の組のことを $K$ の**切断**という．切断には以下の四つの可能性がある：
(1) $A$ の最大元は存在せず，$B$ の最小元が存在する，
(2) $A$ の最大元が存在し，$B$ の最小元は存在しない，
(3) $A$ の最大元も $B$ の最小元も共に存在しない，
(4) $A$ の最大元も $B$ の最小元も共に存在する．

デデキントの公理から，実数の切断においては (1) と (2) しか起こり得ない．これに対して，$K$ の場合は (3) と (4) が起こり得ることを例をあげて示せ．

**演習 25.**

実数列 $\{a_n\}$ が，全ての $n$ に対して $a_n \leq a_{n+1}$ を満たすとき，**単調増加数列**という．

今，上に有界な単調増加実数列は収束することを示せ[19]．

---

[19] このことと同様に，単調減少数列も定義され，下に有界な単調減少実数列は収束することが判る．

# 第2章　位相の話

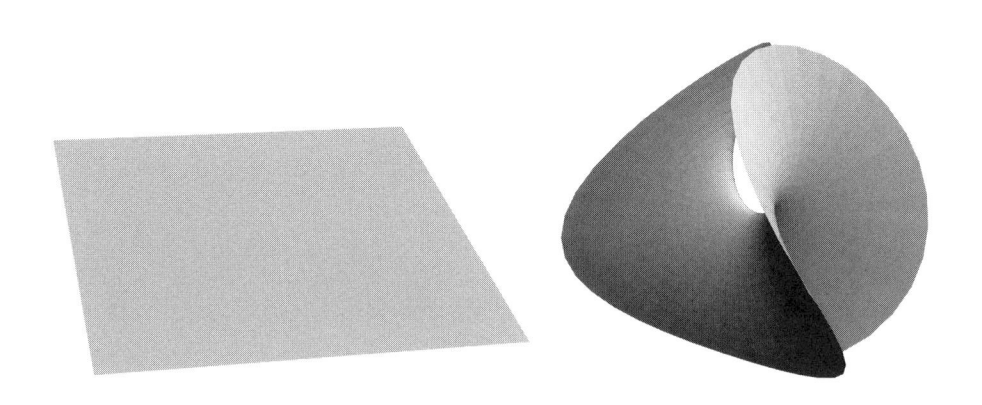

平面(左)とエネパー曲面(右)

平面上で針金の輪を作って石鹸水につけると，そのときできる石鹸膜は平面の一部になる．こうした石鹸膜はその針金を境界にもつ曲面の中で面積が最小になる．エネパー曲面の上では，十分小さな輪でできた石鹸膜ならエネパー曲面の一部になる．

## 2.1 位相

### 2.1.1 はじめに

最初に §1.6, 1.7 にて述べた実数 $\mathbb{R}$ について復習しよう.

集合 $\mathbb{R}$ の任意の元 $x, y$ に対して, 加法 $x+y$, 積 $xy$, そして二項関係 $x \leq y$ が定義されており, さらに, 任意の元 $a, b, c$ において, 以下の (1) から (16) までを満たすとする:

(1) $a + b = b + a$,
(2) $(a + b) + c = a + (b + c)$,
(3) $\mathbb{R}$ の元 $0$ が存在して, どんな $a \in \mathbb{R}$ に対しても, $a + 0 = a$ を満たす,
(4) どんな $a \in \mathbb{R}$ に対しても, $-a \in \mathbb{R}$ が存在して, $a + (-a) = 0$ を満たす,
(5) $ab = ba$,
(6) $(ab)c = a(bc)$,
(7) $a(b + c) = ab + ac$, $(a + b)c = ac + bc$,
(8) $\mathbb{R}$ の元 $1$ が存在して, どんな $a \in \mathbb{R}$ に対しても, $a1 = a$ を満たす,
(9) $0$ でない任意の $a \in \mathbb{R}$ に対して, $a^{-1} \in \mathbb{R}$ が存在して $aa^{-1} = 1$ となる,
(10) $1 \neq 0$,
(11) $a \leq a$,
(12) $a \leq b$ かつ $b \leq a$ ならば $a = b$,
(13) $a \leq b$ かつ $b \leq c$ ならば $a \leq c$,
(14) $a \leq b$ または $b \leq a$ の少なくとも一方が成り立つ,
(15) $a \leq b$ ならば $a + c \leq b + c$,
(16) $a \geq 0$ かつ $b \geq 0$ ならば $ab \geq 0$.

(1) から (10) までを満たす集合を体といい, (1) から (16) までを満たす集合のことを順序体という.

順序体 $\mathbb{R}$ が, さらに, 連続の公理を満たすとき, $\mathbb{R}$ は実数という数直線と同一視される集合になるのであった. 連続の公理には様々な表し方があったのだが, 代表として以下の "(A) かつ (C)" を述べておく: (A) アルキメデスの原理: 任意の正の実数 $a, b$ に対して, $na > b$ となるような自然数 $n$ が存在する[1], (C) 完備性: 実数列におけるコーシー列は適当な実数に収束する. つまり, 数列の収束という概念によって実数の連続性が数学的に表現でき, $\mathbb{R}$

---

[1] アルキメデスの原理は $\lim_{n \to \infty} 1/n = 0$ と同値である.

## 2.1. 位相

という抽象的な順序体が，数直線という我々にとって馴染み深い"連続な物体"と同一視され，$\mathbb{R}$ を幾何学的にイメージできるようになるのである．

では，数列が収束することの定義を見直してみよう．実数列 $\{a_n\}$ が実数 $a$ に収束するとは，"任意の正の $\varepsilon$ に対して，適当な自然数 $n_0$ をとれば，$n \geq n_0$ となる全ての自然数 $n$ に対して $|a_n - a| < \varepsilon$" となることをいうのであった．$|a_n - a| < \varepsilon$ という条件は $a_n \in (a-\varepsilon, a+\varepsilon)$ で書き直せる．即ち，$\varepsilon$ をどんなに小さくとったとしても，十分大きな $n_0$ をとりさえすれば，$n_0$ 以降の $a_n$ たちは全て開区間 $(a-\varepsilon, a+\varepsilon)$ に含まれるというものである．

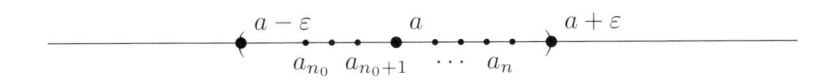

ここでの開区間 $(a-\varepsilon, a+\varepsilon)$ の役割は，$\varepsilon$ を小さくしていくことによって $a$ を取り囲む範囲が限りなく小さくなっていくことが重要なのである．そこで，今は $a$ を中心に左右対称な開区間 $(a-\varepsilon, a+\varepsilon)$ を考えたが，これの代わりに開区間 $(a-\varepsilon/2, a+\varepsilon)$ という左右対称でない開区間を考えても，$\varepsilon$ を小さくしていけば $a$ を取り囲む範囲が限りなく小さくなっていくことから，本質的な違いはないことが判るであろう．

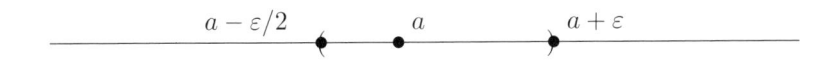

また，より一般に，上述のような $\varepsilon$ を用いた開区間の代わりに，$a$ を含む収縮自在な開区間 $(b, c)$ を用いてもよいわけである．

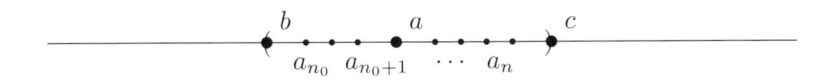

上述の実数 $\mathbb{R}$ を例として，一般の集合 $X$ にこのような"収縮自在な集合"を与えることによって数列 (点列) の収束性が定義され，$X$ に幾何構造が導入される．

今回はこの収束性を定義する集合 (開集合)，即ち，位相という概念を点集

合論[2]の観点から述べたい．

## 2.1.2 位相

実数 $\mathbb{R}$ の部分集合 $U$ において，どんな $U$ の元 $a$ に対しても $a \in (b, c) \subset U$ となる開区間 $(b, c)$ が存在するとき，$U$ を**開集合**という．さらに，$a$ を含む開集合のことを $a$ の**開近傍**という．

開集合の例を見ていこう．まず，開区間 $(b, c)$ を考える．開区間 $(b, c)$ の任意の元 $a$ に対して，$a \in (b, c) \subset (b, c)$ となるので，開区間 $(b, c)$ は開集合である．同様に，開半直線 $(b, \infty)$, $(-\infty, c)$ も開集合になる．

次に，閉区間 $[b, c]$ を考えてみよう．$a \in (b, c) \subset [b, c]$ となる $a$ に対しては上述と同様に開区間 $(b, c)$ をとってやれば，$a \in (b, c) \subset [b, c]$ となるのでよいのであるが，$b$ や $c$ に対しては $b \in (e, f) \subset [b, c]$ となる開区間 $(e, f)$ をとることができない．よって，閉区間 $[b, c]$ は開集合でない．同様に，$[b, c)$, $(b, c]$, $[b, \infty)$, $(-\infty, c]$ は開集合でない．

ちなみに，空集合 $\emptyset$ も開集合である．実際，空集合 $\emptyset$ には元が存在しないから，開集合の定義における仮定が満たされないので，そのような命題は真であることから，空集合 $\emptyset$ は開集合になる．さらに，実数 $\mathbb{R}$ 自身も開集合となることも判る．事実，任意の元 $a \in \mathbb{R}$ に対して，例えば，開区間 $(a-1, a+1)$ をとれば $a \in (a-1, a+1) \subset \mathbb{R}$ が成り立つので，$\mathbb{R}$ は開集合となる．

上で定義した開集合 (開近傍) を用いると，数列の収束は次のように表し直すことができる．

**命題 2.1.1.**

実数列 $\{a_n\}$ が実数 $a$ に収束するための必要十分条件は，

(2.1) $\quad a$ の任意の開近傍 $U$ に対して，適当な自然数 $n_0$ をとれば，

$\quad\quad\quad n \geq n_0$ となる全ての自然数 $n$ に対して $a_n \in U$

が成り立つことである．

---

[2] 点集合論とは Euclid 空間における位相空間論のことであり，カントールが名付けたものである．以下では $\mathbb{R}$ をしばしば数直線と考える．$\mathbb{R}$ の元を数や実数というだけでなく，点ということもある．

## 2.1. 位相

*Proof.*
まず $\{a_n\}$ が $a$ に収束するとする．このとき，開近傍の定義から，どんな $a$ の開近傍 $U$ に対しても $a \in (b, c) \subset U$ となる開区間 $(b, c)$ が存在する．今，$\varepsilon := \min\{a - b, c - a\} > 0$ ととれば，収束の定義から，この $\varepsilon$ に対して適当な自然数 $n_0$ をとると，$n \geq n_0$ となる全ての自然数 $n$ に対して $a_n \in (a - \varepsilon, a + \varepsilon) \subset (b, c) \subset U$ が成り立つ．よって (2.1) が示された．

次に，(2.1) が成り立つとする．このとき，どんな正の $\varepsilon$ に対しても $(a - \varepsilon, a + \varepsilon)$ は $a$ の開近傍なので，(2.1) から，適当な自然数 $n_0$ をとれば，$n \geq n_0$ となる全ての自然数 $n$ に対して $a_n \in (a - \varepsilon, a + \varepsilon)$ となる．これが収束の定義になるので，$\{a_n\}$ が $a$ に収束することが示された． □

このように，数列の収束は開区間 $(a - \varepsilon, a + \varepsilon)$ のみに限定して定義されるのではなく，開集合という，より一般的な概念を用いて表すことができるのである．

今は開区間を用いて，開集合を $\mathbb{R}$ の部分集合に対して定義したのであるが，一般の集合に対しても定義される．しかし，一般の集合には"開区間"なるものが定義されるかどうかが判らない．ではどのように開集合を定義するのかというと，上述の開集合が満たす性質によって開集合を特徴付ける，即ち，開集合の公理を与えるというのが現代数学の定跡手順である．

そのために，上述の開集合が満たす性質を述べることにする．

**命題 2.1.2.**
(1) $\mathbb{R}$ 自身および空集合 $\emptyset$ は開集合になる．
(2) 二つの開集合 $U$ と $V$ に対して，$U \cap V$ は開集合になる．
(3) 開集合からなる集合系 $(U_\lambda \mid \lambda \in \Lambda)$ に対して，その和集合 $\cup_{\lambda \in \Lambda} U_\lambda$ は開集合になる．

*Proof.*
(1) は証明済みである．
(2) $U \cap V$ の任意の元 $a$ をとると，$a \in U$ なので $a \in (b_1, c_1) \subset U$ となる開区間 $(b_1, c_1)$ が存在する．さらに，$a \in V$ でもあるので $a \in (b_2, c_2) \subset V$ となる開区間 $(b_2, c_2)$ が存在する．ここで，$b := \max\{b_1, b_2\}$ および $c := \min\{c_1, c_2\}$ とおけば，$a \in (b, c) \subset U \cap V$ となる．このことから，$U \cap V$ が開集合にな

ることが判る．

(3) $a \in \cup_{\lambda \in \Lambda} U_\lambda$ を任意にとる．このとき，和集合の定義から，$a \in U_\mu$ となる添え字 $\mu$ が存在する．$U_\mu$ は開集合ゆえ，$a \in (b, c) \subset U_\mu \subset \cup_{\lambda \in \Lambda} U_\lambda$ となる開区間 $(b, c)$ が存在する．以上により，$\cup_{\lambda \in \Lambda} U_\lambda$ は開集合になる． □

**注意 2.1.1.**

命題 2.1.2 (2) から，有限個の開集合 $U_1, U_2, \cdots, U_k$ に対して，その共通部分 $U_1 \cap U_2 \cap \cdots \cap U_k$ も開集合になることが示される．しかし，一般の開集合による集合系 $(U_\lambda \mid \lambda \in \Lambda)$ に対して，その共通部分 $\cap_{\lambda \in \Lambda} U_\lambda$ が開集合になるとは限らない．実際，$U_n := \{(a - 1/n, a + 1/n) \mid n = 1, 2, \cdots\}$ とすると，$\cap_{\lambda \in \Lambda} U_\lambda = \{a\}$ となり，$a \in (b, c) \subset \{a\}$ となる開区間 $(b, c)$ は存在しないので $a$ は開集合でない．

ここで，位相という概念を導入し，一般の集合における開集合を与える．

**定義 2.1.1** (位相)**．**

$X$ を空でない集合とする．$X$ の部分集合族 $\mathcal{O}$ が以下の三つの条件

(2.2)　　　$\emptyset \in \mathcal{O}, \quad X \in \mathcal{O},$

(2.3)　　　$U, V \in \mathcal{O}$　ならば　$U \cap V \in \mathcal{O},$

(2.4)　　　$(U_\lambda \mid \lambda \in \Lambda)$ を $\mathcal{O}$ の元からなる集合系とすれば，$\cup_{\lambda \in \Lambda} U_\lambda \in \mathcal{O},$

を満たすとき，$\mathcal{O}$ のことを $X$ の**位相**という．

位相が与えられた集合 $X$ を**位相空間**といい，$(X, \mathcal{O})$ で表す．$\mathcal{O}$ に属する $X$ の部分集合を位相空間 $(X, \mathcal{O})$ の**開集合**という．

前述の $\mathbb{R}$ における開集合全体の集合は $\mathbb{R}$ の位相を与え，このことを**通常の位相**という．次にその他の位相の例を見ていこう．

集合 $X$ の巾集合 $2^X$ は $X$ の位相を与え，これを**離散位相**という．しかし，離散位相では部分集合を全て開集合としてしまうので，開集合という概念を導入する利点はあまりない．また，空集合と自分自身によって構成される集合族 $\{\emptyset, X\}$ も $X$ の位相を与え，これを**密着位相**というのであるが，これもあまり意味のある位相とはいえない．では，多少は面白みのある位相の例を紹介しよう．

## 2.1. 位相

### 例 2.1.1.

$X = \{1, 2, 3\}$ とする．このとき $\mathcal{O} = \{\emptyset, \{1\}, \{1\} \cup \{2\}, \{1\} \cup \{3\}, X\}$ は $X$ の位相を与える．$\{\emptyset, X\} \subsetneq \mathcal{O} \subsetneq 2^X$ なので $\mathcal{O}$ は離散位相でも密着位相でもない．

注意 2.1.1 内の議論から，通常の位相を与えた $\mathbb{R}$ において $\{1\}$ は開集合ではないのであるが，例 2.1.1 で与えた位相空間 $(X, \mathcal{O})$ においては開集合になるということに注意されたい．

さて，$\mathbb{R}$ に通常の位相を与えた位相空間を考える．この空間の中では開区間 $(b, c)$ は開集合であったが，閉区間 $[b, c]$ は開集合ではなかった．つまり，開区間と閉区間とは位相的に異なる集合になるのである．これらの違いは境界点である $b$ と $c$ を含むかどうかであるが，この違いを位相的な概念で記述できないであろうか．次の部分節では，位相空間論において，開集合と平行して重要な因子となる集積点や閉集合を紹介し，開区間と閉区間との違いを考察する．

### 2.1.3 集積点，閉集合

**定義 2.1.2** (集積点).

実数 $\mathbb{R}$ の部分集合 $X$ に対して，$a$ が $X$ の**集積点**であるとは，$a$ のどの開近傍も $a$ と異なる $X$ の元を含むことである．$X$ の集積点全体の集合を**導集合**といい，$X'$ で表す．さらに，$X'$ の導集合 $X''$ や $X''$ の導集合 $X'''$ などが帰納的に定義される．

### 例 2.1.2.

$\mathbb{R}$ における開区間 $(b, c)$ の集積点を考える．まず，$b$ や $c$ は $(b, c)$ の集積点になる．実際，$(b, c)$ 内の数列 $\{b_n\}$ を $b_n = b + (c-b)/(2n)$ ととれば，各 $n$ に対して $b_n$ は全て異なり，なおかつ $b_n \longrightarrow b$ となるので，$b$ のどんな開近傍にも適当な $b_n$ が含まれる．同様に，$(b, c)$ 内の数列 $\{c_n\}$ を $c_n = c - (c-b)/(2n)$ ととれば，$c$ が $(b, c)$ の集積点であることが示される．また，$(b, c)$ の任意の点も $(b, c)$ の集積点となる．事実，任意の $d \in (b, c)$ に対して，$\varepsilon := \min\{d-b, c-d\} > 0$ とおき，$d_n = d + \varepsilon/(2n)$ とおけば，各 $n$ に対して $d_n$ は全て異なり，$d_n \longrightarrow d$ となるので，どんな $d$ の開近傍にも適当な $d_n$ が存在する．よって，$(b, c)' = [b, c]$ となる．

例 2.1.2 は $X \subsetneq X'$ の例であるが，一般に，$X$ と $X'$ との関係は色々な場合がある．以下における集積点の確認は読者の演習とする．

**例 2.1.3** ($X' = X$ の例)．
閉区間 $[b, c]$．

**例 2.1.4** ($X' \subsetneq X$ の例)．
$X = \{0, 1, 1/2, 1/3, \cdots\}$ とおく．このとき $X' = \{0\}$ となる．

**例 2.1.5** ($X$ と $X'$ とに包含関係がつかない例)．
$X = \{1, 1/2, 1/3, \cdots\}$ とおく．このとき $X' = \{0\}$ となる．

このように，$X$ と $X'$ にはあらゆる関係があり得るわけであるが，こうした集合に名前を付けて分類しておこう．

**定義 2.1.3.**
$X' \subset X$ となる集合を**閉集合**，$X' = X$ となる集合を**完全集合**，そして $X \subset X'$ となる集合を**自己稠密集合**という．

この定義に従うと，例 2.1.3 や例 2.1.4 は閉集合であり，例 2.1.2 は自己稠密集合，さらに，例 2.1.3 は完全集合となる．

ちなみに，$X'$ 以降は

$$(2.5) \qquad X' \supset X'' \supset X''' \supset \cdots$$

となっている．実際，各 $a \in X''$ に対して $a$ の開近傍 $U$ を任意にとる．開近傍の定義から $a \in (b, c) \subset U$ となる開区間 $(b, c)$ が存在する．開区間 $(b, c)$ は $a$ の開近傍であり $a \in X''$ なので，$a$ と異なる $X'$ の点 $a'$ が開区間 $(b, c)$ 内に存在する．次に $a' \in X'$ であるから，$(b, c)$ に含まれ，かつ，$a$ を含まない $a'$ の開区間 $(d, e)$ 内には $a'$ と異なる $X$ の元 $a''$ が存在する ($a'' \in (d, e) \subset U$)．$a \notin (d, e)$ なので $a \neq a''$ であることに注意する．つまり，$a$ の任意の開近傍 $U$ に対して $a$ と異なる $X$ の元 $a''$ が存在するので $a \in X'$ となる．$a \in X''$ は任意にとれるので $X'' \subset X'$ が示された．これを帰納的に行うことにより (2.5) を得る．

最後に，開集合と閉集合の関係を見てみよう．この二つの集合には表裏一体の相互関係が存在する：

## 命題 2.1.3.

$X$ が閉集合であるための必要十分条件は $X$ の $\mathbb{R}$ における補集合 $X^c$ が開集合となることである.

*Proof.*

まず $X$ が閉集合とする. $X^c$ の任意の元 $a$ をとると, $a$ は $X$ の集積点でないので[3], $U_a \cap X = \emptyset$ となる $a$ の開近傍 $U_a$ が存在する. このことから,

$$X^c = \cup_{a \in X^c} U_a$$

となる. 各 $U_a$ は開集合であることから, 命題 2.1.2 (3) により $X^c$ は開集合になる.

一方, $X^c$ が開集合とすると, どんな $X^c$ の元 $a$ に対しても開近傍 $U_a \subset X^c$ が存在する. $U_a \cap X = \emptyset$ なので, $a$ は $X$ の集積点でない. つまり, "$a$ が $X$ に含まれないならば $a$ は $X$ の集積点でない" ことが示されたので, これの対偶をとれば "$X$ の集積点は $X$ に含まれる", 即ち, $X' \subset X$ となるので, $X$ は閉集合になる. □


今回は位相を点集合論の観点から導入してみた. 定義 2.1.1 に見られるように, 位相という概念は初学者にとっては寝耳に水と思えるような公理の羅列によって定義され, 非常に抽象的で判りにくい部分がある. しかし, これを $\mathbb{R}$ を舞台として具体的に考えていけば, 開集合の満たす性質として公理の一つ一つを理解できるであろう. 開集合を導入することにより連続という概念が数学的に表現され, その集合に幾何的な構造が与えられるのである.

§2.1.3 で見た通り, 通常の位相において開区間と閉区間は位相的に異なる対象であり, その違いを位相的に説明する考え方が集積点の概念である. このように, 位相的に異なる集合はたくさんあるのであるが, これらを同じ集合と異なる集合とに分類することは位相空間論における課題である. その一環として, 位相的に同値な集合同士が満たす性質 (位相的性質) を考察することが重要である. 本講では今後, こうした位相的性質を紹介していきたい.

---

[3] $X' \subset X$ ゆえ, $a \notin X$ とすると $a \notin X'$ となる.

**演習 26.**
位相空間 $(X, \mathcal{O})$ と $X$ の空でない部分集合 $A$ をとる．このとき，
$$\mathcal{O}_A = \{A \cap U \mid U \in \mathcal{O}\}$$
は集合 $A$ の位相を定義することを示せ．

この位相を集合 $A$ の上の $\mathcal{O}$ に関する**相対位相**といい，位相空間 $(A, \mathcal{O}_A)$ のことを位相空間 $(X, \mathcal{O})$ の**部分空間**という．

**演習 27.**
実数全体の集合 $\mathbb{R}$ に通常の位相 $\mathcal{O}$ を入れた位相空間 $(\mathbb{R}, \mathcal{O})$ において，有限部分集合は閉集合になることを示せ[4]．

**演習 28.**
有理数全体の集合 $\mathbb{Q}$ の導集合を求めよ．

## 2.2 写像の連続性

### 2.2.1 関数の連続性

前回，位相空間を点集合論の観点から定義したのであるが，今回は位相空間から位相空間への連続写像を点集合論の観点から考えたい．そこでまず，関数の連続性を思い出してみよう．

読者の方は「関数 $f(x)$ が $x = a$ で連続であるとは，$\lim_{x \to a} f(x) = f(a)$ (または，$x \longrightarrow a$ のとき $f(x) \longrightarrow f(a)$) が成り立つことである」ということを高校で勉強したであろう．「$x$ が限りなく $a$ に近付くとき，$f(x)$ が $f(a)$ に限りなく近付く」ということである．ここで極限，即ち，"限りなく近付く"という意味の $x \longrightarrow a$ という記号と $\lim$ という記号が現れる．我々は "限りなく近付く"ということを実行することはできないわけである．実際，「あの信号に限りなく近付く」ということを試みよう．雨の日も風の日も，毎日毎

---

[4]この結果により，特に，一点からなる集合は閉集合になる．

## 2.2. 写像の連続性

日,信号に少しずつ近付いていったとしても,我々の生命には限りがあるので,信号に"限りなく近付く"ことはできない.我々が実行し得ないことを,安易にできるものとして議論を進めるところに曖昧さが生じるのである.では,関数の連続性はどのようにして厳密に考えることができるのであろうか.さらに,より一般に,写像の連続性とはどのように定義されるのであろうか.

### 2.2.2 $\varepsilon - \delta$ 論法

本部分節では,関数の連続性の定義を与える $\varepsilon - \delta$ 論法を解説する.まず,実数全体の集合 $\mathbb{R}$ の部分集合 $A$ 上の関数 $f$ とは $A$ から $\mathbb{R}$ への写像として定義されたことを思い出しておこう:

$$f : A \longrightarrow \mathbb{R}$$
$$x \longrightarrow f(x)$$

今,$A$ の元 $a$ において $f$ が連続であることを考え直してみる.そのことを理解しやすくするために数列の収束について復習しよう.

実数列 $\{a_n\}$ が実数 $a$ に収束するとは,"任意の正の $\varepsilon$ に対して適当な自然数 $n_0$ をとれば,$n \geq n_0$ となる全ての $n$ に対して $|a_n - a| < \varepsilon$(即ち,$a_n \in (a - \varepsilon, a + \varepsilon)$)"が成り立つことであり,このことを

$$n \longrightarrow \infty \text{ のとき } a_n \longrightarrow a \quad \text{または} \quad \lim_{n \to \infty} a_n = a$$

などと表すのであった.つまり,"$n$ を限りなく大きくすれば $a_n$ が $a$ に限りなく近付く"ということを以下の二つのプロセスで表現するのである:まず"$a_n$ が $a$ に限りなく近付く"ことを,任意の正の $\varepsilon$ による開区間 $(a - \varepsilon, a + \varepsilon)$ を用いて $a_n \in (a - \varepsilon, a + \varepsilon)$ で表す.次にその $\varepsilon$ に応じて適当な $n_0$ をとり,$n \geq n_0$ となる全ての $n$ を考えることによって,"$n$ を限りなく大きくする"ことを表現する.これを参考にして,"$x \longrightarrow a$ のとき $f(x) \longrightarrow f(a)$"を考えてみよう.もちろん"$n \longrightarrow \infty$"と"$x \longrightarrow a$"との違いがあるので多少の修正を要する.

まず"$f(x)$ が限りなく $f(a)$ に近付く"ことを,任意の正の $\varepsilon$ を用いて $f(x) \in (f(a) - \varepsilon, f(a) + \varepsilon)$ と表す.次に"$x$ を $a$ に限りなく近付ける"ことを,$\varepsilon$ に

応じて適当な正の $\delta$ をとって[5] $x \in (a - \delta, a + \delta)$ と表現する[6]. 以下でその詳細を述べよう.

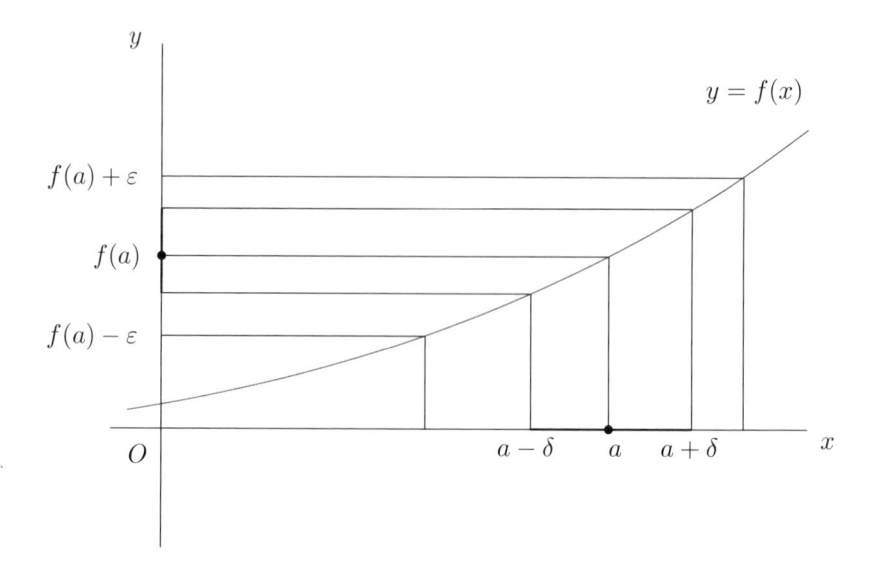

イメージをつかむために上図を参考にしよう. 任意の正の $\varepsilon$ をとり, $y$ 軸において開区間 $(f(a) - \varepsilon, f(a) + \varepsilon)$ を考える. $x \longrightarrow a$ のとき, $f(x) \longrightarrow f(a)$ となるので, $\varepsilon$ に応じて適当な正の $\delta$ をとれば, $x \in (a - \delta, a + \delta)$ となる全ての $x$ 軸の点 $x$ に対して $f(x) \in (f(a) - \varepsilon, f(a) + \varepsilon)$ となる. これを関数の連続の定義とするのである.

**定義 2.2.1** (関数の連続性).

$\mathbb{R}$ の部分集合 $A$ 上で定義された関数 $f$ が, $A$ の点 $a$ で連続であるとは, "任意の正の $\varepsilon$ に対して, 適当な正の $\delta$ をとれば, $|x-a| < \delta$ (即ち, $x \in (a-\delta, a+\delta)$) となる全ての $A$ の点 $x$ が $|f(x)-f(a)| < \varepsilon$ (即ち, $f(x) \in (f(a)-\varepsilon, f(a)+\varepsilon)$)" を満たすことであり, これを

$$\lim_{x \longrightarrow a} f(x) = f(a) \quad \text{または} \quad x \longrightarrow a \text{ のとき } f(x) \longrightarrow f(a)$$

---

[5] 上述の自然数 $n_0$ の変わりに, 自然数とは限らない $\delta$ を用いる.
[6] 上述は $n \geq n_0$ となる全ての $n$ を用いて $n \longrightarrow \infty$ を表現したが, 今は開区間 $(a-\delta, a+\delta)$ の元 $x$ を考えることにより $x \longrightarrow a$ を表す.

## 2.2. 写像の連続性

などと表す．また，$A$ のどの点においても連続であるとき，$f$ は $A$ 上で連続であるという．

これに対して連続でない関数はどうなるかを考えておこう．例えば次のような関数を考える：

$$f : \mathbb{R} \longrightarrow \mathbb{R}$$
$$x \longmapsto \begin{cases} x & (x \geq 0) \\ -x+1 & (x < 0) \end{cases}$$

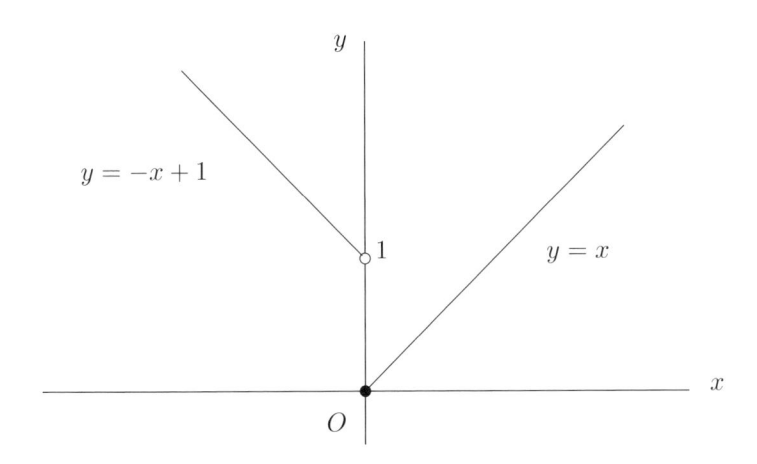

上図を見れば $x$ 軸上の点 $0$ で連続でないということが一目瞭然であるだろうが，これを厳密に考える，つまり，"$x \longrightarrow 0$ のとき $f(x) \longrightarrow f(0)$" となるかを調べてみよう．

まず，$x$ 軸において，$x \geq 0$ となる範囲の点 $x$ について考える．このとき，任意の正の $\varepsilon$ に対して正の $\delta$ として $\delta = \varepsilon$ とでもとれば，$|x - 0| < \delta = \varepsilon$ となる全ての $0$ 以上の $x$ に対しては $|f(x) - f(0)| = |x - 0| < \varepsilon$ が成り立つので，連続の定義を満たす．しかし，$x$ 軸において，$x < 0$ となる範囲の点 $x$ を考えると，どんな正の $\delta$ をもって $|x - 0| < \delta$ なる負の $x$ を考えたとしても，$|f(x) - f(0)| = |-x + 1 - 0| = -x + 1 > 1$ となり，$f(x)$ と $f(0)$ との距離が $1$ より小さくなることがない．つまり，$x$ を負の方から $0$ に限りなく近付

けても $f(x)$ は $f(0)$ に限りなく近付くことがない．よって，この関数は点 0 にて連続でないことが判る．

ここで，定義 2.2.1 で登場した開区間 $(a-\delta, a+\delta)$ や $(f(a)-\varepsilon, f(a)+\varepsilon)$ は，$a$ や $f(a)$ を中心として左右対称である．

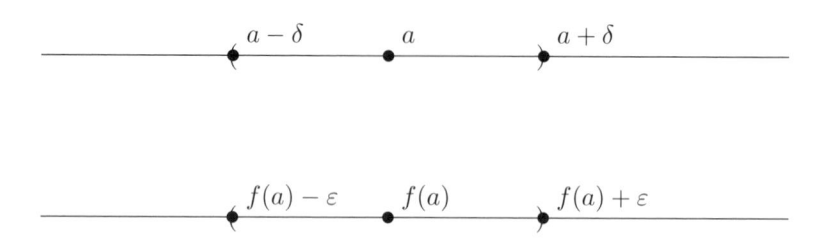

これらの本質的な役割は，$\delta$ や $\varepsilon$ を限りなく小さくしていけば，$a$ や $f(a)$ を取り囲む範囲が限りなく小さくなっていくことである．よって，この左右対称な開区間を左右対称でない開区間，例えば $(a-\delta/2, a+\delta)$ や $(f(a)-\varepsilon/2, f(a)+\varepsilon)$ に変えても本質的な違いはないことが判るであろう．

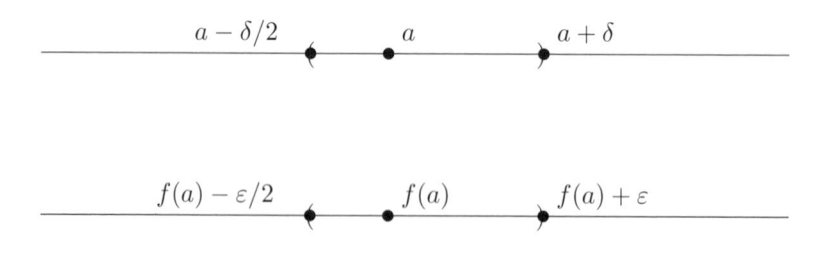

さらに，このような開区間を開集合に置き換えることができる．そして開集合を用いて定義 2.2.1 を書き変えることにより，写像の連続性を位相的に定義し直すことができるのである．次の部分節ではその詳細な議論を行う．

## 2.2.3 写像の連続性

一般に，二つの集合 $X$, $Y$ を比較するために，我々は $X$ から $Y$ への写像 $f: X \longrightarrow Y$ を考えるわけである．しかし，$X$ と $Y$ に位相が入った場合，単なる写像では位相空間としての比較ができない．二つの位相空間 $(X, \mathcal{O}_X)$, $(Y, \mathcal{O}_Y)$ を比較するには，その位相 $\mathcal{O}_X$, $\mathcal{O}_Y$ を比較できるような写像を導入しなければならない．それが連続写像であり，本部分節ではその写像の連続性を定義する．

まずは定義 2.2.1 で与えた関数の連続性を開集合によって再考察する．そのためにいくつかの命題を証明しよう．

**命題 2.2.1.**

$A$ を $\mathbb{R}$ の部分集合とする．$A$ 上で定義された関数 $f$ が $A$ の点 $a$ で連続であるための必要十分条件は，

(2.6) $\quad f(a)$ の任意の $\mathbb{R}$ の開近傍 $V$ に対して，$f(U \cap A) \subset V$ となる $a$ の $\mathbb{R}$ における開近傍 $U$ が存在する

ことである．

*Proof.*

まず，$f$ が $A$ の点 $a$ で連続であるとする．今，$f(a)$ の開近傍 $V$ を任意にとると，開近傍の定義から，$f(a) \in (b, c) \subset V$ となるような開区間 $(b, c)$ が存在する．ここで $\varepsilon := \min\{f(a) - b, c - f(a)\} > 0$ とおくと，連続の定義から，適当な正の $\delta$ をとれば $x \in (a - \delta, a + \delta)$ となる全ての $A$ の点 $x$ に対して $f(x) \in (f(a) - \varepsilon, f(a) + \varepsilon)$ となる．この開区間 $(a - \delta, a + \delta)$ を $a$ の開近傍 $U$ としてとれば，$f(U \cap A) \subset f(U) \subset (f(a) - \varepsilon, f(a) + \varepsilon) \subset (b, c) \subset V$ となる，即ち，(2.6) が示された．

次に，(2.6) が成り立つとき，$f$ が $A$ の点 $a$ で連続であることを示す．正の $\varepsilon$ を任意にとる．このとき，$f(a)$ の開近傍 $(f(a) - \varepsilon, f(a) + \varepsilon)$ に対して，$f(U \cap A) \subset (f(a) - \varepsilon, f(a) + \varepsilon)$ となる $a$ の開近傍 $U$ が存在する．開近傍の定義から，$a \in (d, e) \subset U$ となる開区間 $(d, e)$ がとれ，さらに，$\delta := \min\{a - d, e - a\}$ とおけば，$a \in (a - \delta, a + \delta) \subset (d, e) \subset U$ となる $a$ の開近傍 $(a - \delta, a + \delta)$ を得る．以上により，$f((a - \delta, a + \delta)) \subset (f(a) - \varepsilon, f(a) + \varepsilon)$ となる，即ち，

$x \in (a-\delta, a+\delta)$ となる全ての $A$ の点 $x$ に対して $f(x) \in (f(a)-\varepsilon, f(a)+\varepsilon)$ となることから，$f$ は $a$ で連続となる． □

命題 2.2.1 は各点ごとの連続性を開近傍を用いて表現したのであるが，定義域上の連続性は開集合を用いると以下のように表される：

**命題 2.2.2.**

$\mathbb{R}$ の部分集合 $A$ 上で定義された関数 $f$ が $A$ で連続であるための必要十分条件は，

(2.7) 　　$\mathbb{R}$ の任意の開集合 $V$ に対して，$f^{-1}(V) = U \cap A$ となる
　　　　 $\mathbb{R}$ の開集合 $U$ が存在する

ことである．

*Proof.*

最初に $f$ が $A$ で連続であるとする．$\mathbb{R}$ の任意の開集合 $V$ に対して，$A$ の部分集合 $f^{-1}(V)$ を考える．$f^{-1}(V)$ の点 $a$ を任意にとると $f$ は $a$ で連続なので，命題 2.2.1 から，$f(U_a \cap A) \subset V$ となる $a$ の開近傍 $U_a$ が存在する．また，

$$f^{-1}(V) = \cup_{a \in f^{-1}(V)}(U_a \cap A) = (\cup_{a \in f^{-1}(V)} U_a) \cap A$$

となる．開集合の和集合は開集合になることから，$\cup_{a \in f^{-1}(V)} U_a$ は開集合になる．この $\cup_{a \in f^{-1}(V)} U_a$ を開集合 $U$ とすれば，(2.7) を得る．

一方，(2.7) が成り立つとする．このとき，任意の $A$ の点 $a$ に対して $f(a)$ の開近傍 $V$ を任意にとれば，$f^{-1}(V) = U \cap A$ となる開集合 $U$ が存在する．この $U$ は $a$ の開近傍であり $f(U \cap A) = f(f^{-1}(V)) \subset V$ となることから，命題 2.2.1 により $f$ は $a$ において連続となる．$a$ は任意にとっていたので，$f$ は $A$ で連続であることが示された． □

命題 2.2.1, 2.2.2 において，$A = \mathbb{R}$ とすれば，以下の二つの系を得る．

**系 2.2.1.**

$\mathbb{R}$ 上の関数 $f$ が $\mathbb{R}$ の点 $a$ で連続であるための必要十分条件は，$f(a)$ の任意の開近傍 $V$ に対して，$f(U) \subset V$ となる $a$ の開近傍 $U$ が存在することである．

## 2.2. 写像の連続性

### 系 2.2.2.

$\mathbb{R}$ 上の関数 $f$ が連続であるための必要十分条件は，$\mathbb{R}$ の任意の開集合 $V$ に対して $f^{-1}(V)$ が $\mathbb{R}$ の開集合になることである．

系 2.2.1, 2.2.2 を写像の言葉で書き直そう．実数 $\mathbb{R}$ に通常の位相 $\mathcal{O}$ を入れた位相空間 $(\mathbb{R}, \mathcal{O})$ から $(\mathbb{R}, \mathcal{O})$ への写像 $f$ が $(\mathbb{R}, \mathcal{O})$ の点 $a$ で連続であるための必要十分条件は，$f(a)$ の任意の開近傍 $V$ に対して，$f(U) \subset V$ となる $a$ の開近傍 $U$ が存在することである．また，位相空間 $(\mathbb{R}, \mathcal{O})$ から $(\mathbb{R}, \mathcal{O})$ への写像 $f$ が連続であるための必要十分条件は，$(\mathbb{R}, \mathcal{O})$ の任意の開集合 $V$ に対して $f^{-1}(V)$ が $(\mathbb{R}, \mathcal{O})$ の開集合になることである．

ここで，一般の位相空間から位相空間への連続写像の定義を与える．

### 定義 2.2.2 (写像の連続性).

$(X, \mathcal{O}_X)$ と $(Y, \mathcal{O}_Y)$ を位相空間とし，$X$ から $Y$ への写像 $f: X \longrightarrow Y$ をとる．$X$ の点 $a$ において，$f(a)$ の任意の開近傍 $V$ に対して $f(U) \subset V$ となる $a$ の開近傍 $U$ が存在するとき，$f$ は $a$ で**連続**であるという．さらに，$X$ 上の任意の点で連続であるとき，$f$ は $X$ で**連続**であるといい，$f$ を位相空間 $(X, \mathcal{O}_X)$ から $(Y, \mathcal{O}_Y)$ への**連続写像**という．

尚，写像の連続性は次のように書き直すことができる．証明は命題 2.2.2 の証明とほぼ同じであるので読者への演習とする．

### 命題 2.2.3.

$(X, \mathcal{O}_X)$ と $(Y, \mathcal{O}_Y)$ を位相空間とし，$X$ から $Y$ への写像 $f: X \longrightarrow Y$ をとる．このとき，$f$ が連続となるための必要十分条件は，

(2.8)    $Y$ の任意の開集合 $V$ の逆像 $f^{-1}(V)$ が $X$ の開集合となる

ことである．

定義 2.2.2 および命題 2.2.3 は，系 2.2.1 および系 2.2.2 の内容の一般形になっていることに気付くであろう．

命題 2.2.3 により，位相空間 $(X, \mathcal{O}_X)$ から $(Y, \mathcal{O}_Y)$ への連続写像 $f$ が与えられれば，$\mathcal{O}_Y$ の元 $V$ から $\mathcal{O}_X$ の元 $f^{-1}(V)$ を対応させる規則，即ち，$\mathcal{O}_Y$ から $\mathcal{O}_X$ への写像が与えられ，二つの位相空間 $(X, \mathcal{O}_X)$ と $(Y, \mathcal{O}_Y)$ とを比

較できるようになるということが判る．

最後に，集合における同型写像の位相空間版となる，同相写像を定義しよう．二つの集合 $X, Y$ が同型であるとは $X$ から $Y$ への全単射が存在することとして定義したことを思い出そう．この概念を位相空間にもち込むには，その位相同士の対応も加味しなければならない．

**定義 2.2.3** (同相，位相同型)．
$(X, \mathcal{O}_X)$ と $(Y, \mathcal{O}_Y)$ を位相空間とする．写像 $f : X \longrightarrow Y$ が連続な全単射であり，かつ，$f$ の逆写像 $f^{-1}$ が $(Y, \mathcal{O}_Y)$ から $(X, \mathcal{O}_X)$ への連続写像であるとき，$f$ は位相空間 $(X, \mathcal{O}_X)$ から $(Y, \mathcal{O}_Y)$ への**同相写像**であるといい，位相空間 $(X, \mathcal{O}_X)$ と $(Y, \mathcal{O}_Y)$ とは**同相**であるまたは**位相同型**であるという．

**注意 2.2.1.**
連続写像 $f : X \longrightarrow Y$ によって次のような写像 $F$ が定義される：

$$F : \mathcal{O}_Y \longrightarrow \mathcal{O}_X$$
$$V \longmapsto f^{-1}(V)$$

$f$ が同相写像のとき，$F$ が全単射を与えることを示す．

まず，$f$ が全単射ゆえ，任意の $X$ の部分集合 $U$ に対して $f^{-1}(f(U)) = U$ となり，また，任意の $Y$ の部分集合 $V$ に対して $f(f^{-1}(V)) = V$ と $(f^{-1})^{-1}(V) = f(V)$ が成り立つ．これらの証明は簡単なので読者への演習とする．

$F(V_1) = F(V_2)$ となる $V_1, V_2 \in \mathcal{O}_Y$ をとると，$f : X \longrightarrow Y$ が全単射であることから，$V_1 = f(f^{-1}(V_1)) = f(f^{-1}(V_2)) = V_2$ を得る．よって，$F : \mathcal{O}_Y \longrightarrow \mathcal{O}_X$ は単射になる．

ここで，$U \in \mathcal{O}_X$ に対して $f(U) \in \mathcal{O}_Y$ となることを見る．$f^{-1}$ が連続であることから，$U \in \mathcal{O}_X$ に対して $(f^{-1})^{-1}(U) \in \mathcal{O}_Y$ となる．$(f^{-1})^{-1}(U) = f(U)$ となるので，$f(U) \in \mathcal{O}_Y$ を得る．このことから，$U \in \mathcal{O}_X$ を任意にとると，$V = f(U)$ とすれば $V \in \mathcal{O}_Y$ であり，$F(V) = f^{-1}(f(U)) = U$ となる．これにより，$F : \mathcal{O}_Y \longrightarrow \mathcal{O}_X$ は全射になることが判る．

以上により，$F : \mathcal{O}_Y \longrightarrow \mathcal{O}_X$ が全単射となることが従う．

つまり，二つの位相空間 $(X, \mathcal{O}_X), (Y, \mathcal{O}_Y)$ において，全単射 $f : X \longrightarrow Y$ により集合として $X$ と $Y$ を同じものと見なし，さらに，$f : X \longrightarrow Y$ とそ

の逆写像 $f^{-1}: Y \longrightarrow X$ に連続性を与えることにより, $\mathcal{O}_X$ と $\mathcal{O}_Y$ との間に1対1の対応が与えられることから, $(X, \mathcal{O}_X)$ と $(Y, \mathcal{O}_Y)$ とを位相空間として同じものと見なすのである.

今回は写像の連続性を点集合論の観点から定義した. 写像の連続性に関しては, その特殊な場合である関数の連続性を意味する $\varepsilon - \delta$ 論法を始めとして, 初学者にとっては非常に受け入れ難い理論が展開され, 非常に慣れが必要とされるところである. 本講がそれらの理解の一助となれば幸いである.

二つの集合 $X$ と $Y$ とを比較するために, 我々は写像という概念を導入した. そしてさらに, $X$, $Y$ に何らかの構造を入れた場合, その構造を込めて $X$ と $Y$ とを比較しうる写像を導入しなければならない. 位相空間においてはそれが連続写像に対応するのである.

**演習 29.**
実数全体の集合 $\mathbb{R}$ の区間 $[0, \infty)$ で定義された関数 $f(x) = \sqrt{x}$ は $[0, \infty)$ 上で連続であることを示せ.

**演習 30.**
実数全体の集合 $\mathbb{R}$ に通常の位相 $\mathcal{O}$ を入れた位相空間 $(\mathbb{R}, \mathcal{O})$ を考える. $\mathbb{R}$ の部分集合には相対位相を入れるものとして, 開区間 $(0, 1)$ と $\mathbb{R}$ とは同相であることを示せ.

## 2.3 分離公理

### 2.3.1 公理化による弊害

一般の集合 $X$ に開集合を定義する集合族 $\mathcal{O}$ を加味した組 $(X, \mathcal{O})$ を位相空間と呼んだ. これは, 数直線 (実数全体の集合) のような "連続な集合" を

モデルとして，その連続性を開集合によって表現しそれを公理化して一般の集合に拡張したものである．このことから，実数全体の集合 $\mathbb{R}$ に通常の位相 $\mathcal{O}$ を入れた $(\mathbb{R}, \mathcal{O})$ は位相空間の典型的な例である．しかし，公理化したことによって，$(\mathbb{R}, \mathcal{O})$ では考えられない奇異な性質をもつような位相空間の例が現れる．そのことを点列を通して見てみることにする．ここで，実数の連続性は点列の収束性と大きく関わりがあったことを思い出そう．位相空間は数直線をモデルとしているので，点列を用いた位相空間の研究は有力視される．しかし，一般の位相空間において，点列は奇妙な現象を起こすことがあるのである．

まず位相空間における点列の収束を定義する．位相空間 $(X, \mathcal{O})$ の点列 $\{a_n\}$ および点 $a$ において "点 $a$ のどんな開近傍 $O$ に対しても，適当な番号 $n_0$ をとれば $n \geq n_0$ となる全ての $n$ に対して $a_n \in O$" となるとき，点列 $\{a_n\}$ は点 $a$ に**収束**するといい，$a = \lim_{n \to \infty} a_n$ で表す．また，このとき，点 $a$ を点列 $\{a_n\}$ の**極限点**という．

今，$X$ を $0$ と $1$ からなる集合 $\{0, 1\}$ とする．$X$ には $\mathcal{O}_1 = \{\emptyset, X, \{0\}, \{1\}\}$，$\mathcal{O}_2 = \{\emptyset, X, \{0\}\}$，$\mathcal{O}_3 = \{\emptyset, X, \{1\}\}$，$\mathcal{O}_4 = \{\emptyset, X\}$ の四つの位相が入る．各 $(X, \mathcal{O}_i)$ $(i = 1, 2, 4)$ において，$a_n = 0$ $(n = 1, 2, \cdots)$ によって定義される点列 $\{a_n\}$ の極限点を考えよう ($i = 3$ の場合は $i = 2$ の場合と本質的に同じであるため省略する)．

まず，$(X, \mathcal{O}_1)$ において，$0$ の開近傍は $\{0\}$ と $X$ である．よって，$0$ のどんな開近傍にも $a_n = 0$ $(n = 1, 2, \cdots)$ が含まれるので，点列 $\{a_n\}$ の極限点は $0$ である．次に，$(X, \mathcal{O}_2)$ を考える．$0$ の開近傍は $\{0\}$ と $X$ であり，いずれの開近傍も $a_n = 0$ $(n = 1, 2, \cdots)$ を含むので $0 = \lim_{n \to \infty} a_n$ となる．一方，$1$ を含む開近傍は $X$ のみであり，$X$ は $a_n = 0$ $(n = 1, 2, \cdots)$ を含むので $1 = \lim_{n \to \infty} a_n$ である．即ち，点列 $\{a_n\}$ の極限点は $0$ と $1$ の二つとなる．最後に $(X, \mathcal{O}_4)$ の場合を考える．まず $0$ の開近傍は $X$ のみであることから，$0$ は点列 $\{a_n\}$ の極限点である．次に $1$ の開近傍も $X$ のみであるから $1$ も点列 $\{a_n\}$ の極限点となる．

このように，一つの点列が異なる二つの点に収束するような場合とそうでない場合とが起こり得るのである．そこで，このような奇妙な位相とそうでない位相とを区別する位相的概念が必要視される．今回はこれに関連した，分離公理についてを論じたい．

## 2.3. 分離公理

### 2.3.2 諸定義

分離公理を述べる前の準備として，本講で触れていなかった諸定義を述べる．
$(X, \mathcal{O})$ を位相空間とする．$X$ の部分集合 $F$ が，その $X$ における補集合 $F^c$ が開集合になるとき，位相空間 $(X, \mathcal{O})$ の**閉集合**であるという．開集合の公理にド・モルガンの法則を適用することにより次を得る．

**命題 2.3.1.**
位相空間 $(X, \mathcal{O})$ において以下が成り立つ．
(i) $X$ および空集合 $\emptyset$ は閉集合．
(ii) $E, F$ を $X$ の閉集合とすると，$E \cup F$ も閉集合．
(iii) $(F_\lambda \mid \lambda \in \Lambda)$ を $X$ の閉集合による集合族とすれば，$\cap_{\lambda \in \Lambda} F_\lambda$ は閉集合．

また，$X$ の点 $a$ が $X$ の部分集合 $A$ の**集積点**であるとは，$a$ の任意の開近傍が $a$ と異なる $A$ の点を含むことである．$A$ の集積点全体の集合を $A'$ で表し，$A$ の**導集合**という．このとき，次が成り立つ．

**命題 2.3.2.**
$(X, \mathcal{O})$ を位相空間とする．$X$ の部分集合 $F$ が閉集合であるための必要十分条件は，$F' \subset F$ となることである．

*Proof.*
$F$ を $X$ の閉集合とし，$a \in F'$ を任意にとる．このとき $a \in F$ であることを背理法で示す．$a \notin F$ とすると，$F^c$ は $a$ の開近傍になる．一方，$a$ は $F$ の集積点だったので，$F^c$ には $a$ と異なる $F$ の点 $b$ が存在するはずであるが，これは相反する結果である．よって $a \in F$ となり，$F' \subset F$ を得る．

逆に，$F' \subset F$ ならば $F^c$ が開集合であることを示す．$F^c$ の任意の点 $a$ をとる．もし $a$ のどんな開近傍 $O_a$ をとっても $O_a \subset F^c$ とできないとすると，$b \notin F^c$，即ち，$b \in F$ となるような $O_a$ の点 $b$ が存在する[7]．$a \in F^c$ と $b \in F$ は異なる点であることに注意する．これにより，"$a$ のどんな開近傍に対しても $a$ と異なる $F$ の点 $b$ が存在する"ことが示されたので，$a$ は $F$ の集積点となり，$a \in F' \subset F$ となる．これは $a \in F^c$ であることに矛盾する．よって，

---
[7] $O_a \subset F^c$ とは，"$O_a$ のどんな点をとっても，常に $F^c$ の点になる"ということなので，$O_a \subset F^c$ でないとは，"$O_a$ の点であったとしても，$F^c$ の点でないものが存在する"ということである．

$O_a \subset F^c$ となる $a$ の開近傍 $O_a$ が存在する.

$$F^c = \cup_{a \in F^c} O_a$$

となるので, 定義 2.1.1 (2.4) により, 開集合 $O_a$ の和である $F^c$ は開集合となり, $F$ が閉集合であることが示された. □

次に, 部分集合に対する閉包を定義する. $X$ の部分集合 $A$ をとり, $A$ を含む $X$ の閉集合族 $(F_\lambda \mid \lambda \in \Lambda)$ を考える. 命題 2.3.1 により, これらの共通部分 $\cap_{\lambda \in \Lambda} F_\lambda$ は閉集合になるのであるが, これを $A$ の**閉包**といい, $\overline{A}$ で表す. このとき, 以下が成り立つ.

**命題 2.3.3.**
位相空間 $(X, \mathcal{O})$ と $X$ の部分集合 $A$ を考える. このとき, 以下が成り立つ.
(i) $\overline{A}$ は $A$ を含む閉集合である.
(ii) $A$ を含む任意の閉集合 $F$ をとると, $\overline{A} \subset F$ となる.
(iii) $\overline{A} = A \cup A'$ となる.

(ii) により $\overline{A}$ は $A$ を含む最小の閉集合となる. 特に, $A$ が閉集合であるとき, (iii) から $\overline{A} = A$ となる.

*Proof.*
(i) と (ii) は定義から容易に示されるので読者への演習とする.

(iii) "$a \in \overline{A}$ ならば $a \in A \cup A'$" となることを対偶をとって示す. $a \in (A \cup A')^c = A^c \cap (A')^c$ とすると, $O_a \cap A = \emptyset$ となる $a$ の開近傍 $O_a$ が存在する. このとき, $(O_a)^c$ は $A$ を含む閉集合であり, $a \notin (O_a)^c$ であることから, $a \notin \overline{A}$ となる. 以上により, $a \in \overline{A}$ ならば $a \in A \cup A'$ であることが示されたので, $\overline{A} \subset A \cup A'$ となる.

次に, "$a \in A \cup A'$ ならば $a \in \overline{A}$" となることを対偶をとって示す. $a \notin \overline{A}$ とすると, $\overline{A}$ は閉集合であることから $(\overline{A})^c$ は $a$ の開近傍になる. (i) により $A \subset \overline{A}$, つまり, $(\overline{A})^c \subset A^c$ となるゆえ, $(\overline{A})^c$ には $A$ の点が存在しないので $a \notin A'$ を得る. このことから, $a \in A^c \cap (A')^c = (A \cup A')^c$ が従う. 以上により, $a \in A \cup A'$ ならば $a \in \overline{A}$ となるので, $A \cup A' \subset \overline{A}$ が成り立つ. □

**例 2.3.1.**
§2.3.1 で紹介した $(X, \mathcal{O}_i)$ $(1 \leq i \leq 4)$ を考える.

まず，$i=1$ の場合，開集合を構成する $\emptyset$, $X$, $\{0\}$, $\{1\}$ 全てが閉集合になる．次に $i=2$ のとき，$\{1\}$ は閉集合になるが，$\{0\}$ は閉集合でない．さらに，$\overline{\{0\}} = X$ となる．$i=3$ は $i=2$ と類似の場合なので省略する．最後に $i=4$ であるが，このとき，$\emptyset$, $X$ 共に開集合であり閉集合である．また，$\overline{\{0\}} = X$ および $\overline{\{1\}} = X$ となる．

**例 2.3.2.**

実数全体の集合 $\mathbb{R}$ に通常の位相を入れた位相空間 $(\mathbb{R}, \mathcal{O})$ を考える．このとき，点 $a$ による集合 $\{a\}$ や閉区間 $[b, c]$ は $\mathbb{R}$ の閉集合である．

例 2.3.1 と例 2.3.2 を見比べてみよう．例 2.3.2 は我々にとって馴染みのある数直線上の議論である．この場合，一点 $a$ に対して $\overline{\{a\}} = \{a\}$ となる．一方，例 2.3.1 $i=2,3,4$ の場合，一点の閉包が，全体の集合である $X$ に一致する．我々の"常識"が例 2.3.2 とするならば，このような現象は誠に奇怪なものであろう．それだけ例 2.3.1 $i=2,3,4$ の位相は例 2.3.2 の位相に比べて"変な位相"というわけである．

### 2.3.3 分離公理

§2.3.1 および例 2.3.1 で見たように，位相空間の中には一点の集合の閉包が全体の空間になってしまったり，一つの点列が別々の点に収束するという奇妙なことが起こり得る．これはこれで位相空間としては問題なく議論されるのではあるが，どこまで有効な議論であるか判断が難しいところであろう．そこで，こうした奇妙な位相とそうでない位相とを区別するために注目されたのがハウスドルフによって提唱された次のような条件である:

任意の異なる二つの点 $a, b$ に対して，

$$O_a \cap O_b = \emptyset$$

となる $a$ の開近傍 $O_a$ と $b$ の開近傍 $O_b$ が存在する．

これは異なる二つの点を開集合によって分離，即ち，位相的に分離するという考えである．

このような，異なる二つの対象を位相的に分離するための何らかの条件のことを**分離公理**と称している．本部分節ではその主要なものを紹介し，それ

らによって上述した奇妙な位相とそうでない位相とが明確に区分けされることを説明する．

**コルモゴロフによる分離公理．**

**公理 2.3.1** ($T_0$ 分離公理[8])．
位相空間 $(X, \mathcal{O})$ の異なる二つの点 $a, b$ において，$a$ を含まないような $b$ の開近傍が存在するか，または，$b$ を含まないような $a$ の開近傍が存在する．

これを閉包を用いて書き直せば，"$a \notin \overline{\{b\}}$，または，$b \notin \overline{\{a\}}$ のいずれかが成り立つ" ということである．このことの証明は命題 2.3.3 (iii) を使えば容易に示せるので，読者への演習とする．

例 2.3.1 $i = 1, 2, 3$ は $T_0$ 分離公理を満たすが，$i = 4$ は満たさない．

**フレシェによる分離公理．**

**公理 2.3.2** ($T_1$ 分離公理)．
位相空間 $(X, \mathcal{O})$ の異なる二つの点 $a, b$ において，$a$ を含まないような $b$ の開近傍が存在し，かつ，$b$ を含まないような $a$ の開近傍が存在する．

これは "任意の点 $a$ に対して，$\overline{\{a\}} = \{a\}$" となる，即ち，"一点からなる集合は閉集合" であることと同値である．これも公理 2.3.1 の場合と同様に，命題 2.3.3 (iii) を用いれば簡単に証明できるので読者への演習とする．

例 2.3.1 において，$i = 1$ は $T_1$ 分離公理を満たすが，$i = 2, 3, 4$ は満たさない．$T_1$ 分離公理はよく使われる条件であり，$T_1$ 分離公理を満たすような空間のことを $T_1$ **空間**という．$T_1$ 空間は $T_0$ 分離公理を満たすが，$T_0$ 分離公理を満たすような位相空間が $T_1$ 空間になるとは限らない．

**ハウスドルフによる分離公理．**

**公理 2.3.3** ($T_2$ 分離公理)．
位相空間 $(X, \mathcal{O})$ の異なる二つの点 $a, b$ において，$O_a \cap O_b = \emptyset$ となるような $a$ の開近傍 $O_a$ と $b$ の開近傍 $O_b$ が存在する．

---

[8]分離公理に付いてくる "T" はドイツ語 Trennungsaxiom に由来する．

## 2.3. 分離公理

例 2.3.1 の $i=1$ は $T_2$ 分離公理を満たすが，$i=2,3,4$ は満たさない．$T_2$ 分離公理を満たす空間を**ハウスドルフ空間**という．ハウスドルフ空間は $T_1$ 空間になるが，$T_1$ 空間がハウスドルフ空間になるとは限らない．実際，以下のような例が知られている．

### 例 2.3.3.

自然数全体の集合 $\mathbb{N}$ において，有限集合の補集合全体の集合と空集合との和集合を $\mathcal{O}$ とすれば，$(\mathbb{N}, \mathcal{O})$ は位相空間になる．このとき，$(\mathbb{N}, \mathcal{O})$ は $T_1$ 空間であるが，ハウスドルフ空間にはならない．証明は読者への演習とする．

ここで，これらの分離公理を満たす位相空間における点列の振る舞いを考えよう．例 2.3.1 $i=2,3$ などは $T_0$ 分離公理を満たすが，点列の極限点は二つ以上になる場合がある．これに対して，ハウスドルフ空間では以下が成り立つ．

### 定理 2.3.1.

ハウスドルフ空間の点列の極限点は一意である．

*Proof.*
極限点が二つあるとして矛盾を示す．$a, b$ を異なる二つの点とし，$\{a_n\}$ を極限点が $a, b$ となるような点列とする．ハウスドルフ空間の性質により，$O_a \cap O_b = \emptyset$ となる $a$ の開近傍 $O_a$ と $b$ の開近傍 $O_b$ が存在する．$\{a_n\}$ は $a$ に収束することから "$O_a$ に対して適当な $n_0$ をとれば，$n \geq n_0$ となる全ての $n$ に対して $a_n \in O_a$" となる．しかし，このとき $a_n \notin O_b$ となることから，$\{a_n\}$ は $b$ には収束せず，$\{a_n\}$ が $b$ に収束するという仮定に矛盾する．よって，点列の極限点は一意に定まる． □

このように，異なる二つの点が位相的に分離できるような位相空間では，点列の極限点が二つ以上になるという奇妙なことは起こらない．

では，$T_0$ と $T_2$ の間をとって，$T_1$ 空間では点列の極限点が二つ以上になるという現象が起きるであろうか．これに関しては次の例が知られている．

### 例 2.3.4.

例 2.3.3 の位相空間 $(\mathbb{N}, \mathcal{O})$ において，どんな自然数 $n$ に対しても $a_n \geq n$ となるような点列 $\{a_n\}$ をとる．このとき，$\{a_n\}$ は任意の自然数に収束する．

*Proof.*

$m$ を任意の自然数とする．今，$m$ の任意の開近傍 $O_m$ をとると，これは $m$ と異なる有限個の自然数 $m_1, m_2, \cdots, m_k$ を除いた自然数全体の集合 $\mathbb{N} - \{m_1, m_2, \cdots, m_k\}$ と表せる．ここで，$n_0 > \max\{m_1, m_2, \cdots, m_k\}$ ととれば，$n \geq n_0$ となる全ての $n$ に対して $a_n \in O_m$ となる．実際，$a_n \geq n \geq n_0 > \max\{m_1, m_2, \cdots, m_k\}$ であるから，$a_n$ は $m_1, m_2, \cdots, m_k$ のいずれとも一致しないので，$a_n \in \mathbb{N} - \{m_1, m_2, \cdots, m_k\} = O_m$ となる．よって $m$ は $\{a_n\}$ の極限点となる．$m$ は任意にとってきたことから，$\{a_n\}$ は任意の自然数を極限点にもつことが示された． □

上で述べたものは点と点を分離する公理であるが，次に，点と閉集合，または，閉集合と閉集合に関する分離公理を紹介しよう．これらも位相空間論では非常に重要なのであるが，紙面の都合上，その詳細な議論は専門書に任せることとする．

**ヴィエトリスによる分離公理．**

**公理 2.3.4** ($T_3$ 分離公理).

位相空間 $(X, \mathcal{O})$ の任意の点 $a$ と $a$ を含まない任意の閉集合 $A$ において，$O_a \cap O_A = \emptyset$ となるような $a$ の開近傍 $O_a$ と $A$ を含む開集合 $O_A$ が存在する．

$T_3$ 分離公理を満たすというだけでは，一点が閉集合であるとは限らないので，一般には点と点の分離はできない．そこで $T_1$ 分離公理と $T_3$ 分離公理を満たすような位相空間を考えることが多く，このような位相空間のことを**正則空間**という[9]．正則空間はハウスドルフ空間になる．

**ティーツェによる分離公理．**

**公理 2.3.5** ($T_4$ 分離公理).

位相空間 $(X, \mathcal{O})$ の互いに素な二つの閉集合 $A, B$ において，$O_A \cap O_B = \emptyset$ となるような $A$ を含む開集合 $O_A$ と $B$ を含む開集合 $O_B$ が存在する．

$T_4$ 分離公理を満たす位相空間も，上述の $T_3$ 分離公理のときと同様に，一般には点と点を分離し得る空間とはいえない．よって，$T_4$ 分離公理のみでな

---

[9]$T_3$ 分離公理のみを満たす位相空間のことを正則空間ということもある．

## 2.3. 分離公理

く $T_1$ 分離公理も加味した位相空間を考えることが多い．このような位相空間のことを**正規空間**という[10]．正規空間は正則空間となる．

今回は分離公理について論じてみた．位相空間は，開集合を公理化することによって，実数を一般化した空間であった．しかし，公理化したことによって，実数では考えられなかった現象が起こる場合がある．分離公理はそうした位相たちを精密に分類することに重要な役割を果たすのである．

また，本講では触れられなかった正則空間や正規空間におけるウリゾーンやチコノフの研究結果は位相空間論にとって非常に大きな仕事である．余力のある読者におかれては，是非，専門書にて学んで頂ければ幸いである．

### 演習 31.
自然数全体の集合を $\mathbb{N}$ とする．以下で与えられる実数全体の集合 $\mathbb{R}$ の部分集合族 $\mathcal{O}(\mathbb{N})$ を考える：
$$\mathcal{O}(\mathbb{N}) = \{(-\infty, n) \mid n \in \mathbb{N}\} \cup \{\emptyset, \mathbb{R}\}.$$
このとき，$\mathcal{O}(\mathbb{N})$ は $\mathbb{R}$ の位相を定義することを示し，位相空間 $(\mathbb{R}, \mathcal{O}(\mathbb{N}))$ は $T_0$ 空間でないことを証明せよ．

### 演習 32.
実数全体の集合 $\mathbb{R}$ の部分集合族 $\mathcal{O}(\mathbb{R})$ を以下で定義する：
$$\mathcal{O}(\mathbb{R}) = \{(-\infty, x) \mid x \in \mathbb{R}\} \cup \{\emptyset, \mathbb{R}\}.$$
このとき，$\mathcal{O}(\mathbb{R})$ は $\mathbb{R}$ の位相を定義することを示し，位相空間 $(\mathbb{R}, \mathcal{O}(\mathbb{R}))$ は $T_0$ 空間であるが，$T_1$ 空間でないことを証明せよ．

### 演習 33.
位相空間 $(X, \mathcal{O})$ の部分集合 $A$ において，その閉包 $\overline{A}$ が $X$ になるとき，$A$ は位相空間 $(X, \mathcal{O})$ で**稠密**であるという．

今，実数全体の集合 $\mathbb{R}$ とその部分集合である有理数全体の集合 $\mathbb{Q}$ を考える．$\mathbb{Q}$ は $\mathbb{R}$ において稠密であることを証明せよ．

---
[10] $T_4$ 分離公理のみを満たす位相空間のことを正規空間ということもある．

## 2.4 可算公理

### 2.4.1 開集合の基

通常の位相を入れた実数全体の集合による位相空間 $(\mathbb{R}, \mathcal{O})$ を考える．$\mathcal{O}$ の元 $O$，即ち，開集合 $O$ とは，$O$ のどんな元 $x$ に対しても，$x \in (a,b)_x \subset O$ となる開区間 $(a,b)_x$ が存在するような集合のことであった[11]．

開区間は開集合の典型的な例である．しかし，全ての開集合が開区間になるわけではない．実際，$a < b < c < d$ となる実数 $a, b, c, d$ に対して，$(a,b) \cup (c,d)$ は開集合であるが，開区間ではない．

では，$(\mathbb{R}, \mathcal{O})$ における開集合にとって，開区間とは何であろうか．実は，開集合は適当な開区間たちの和集合で表されるのである．実際，任意の開集合 $O$ をとると，開集合の定義から，$O$ の点 $x$ に対して $x \in (a,b)_x \subset O$ となる開区間 $(a,b)_x$ が存在する．これにより，$O = \cup_{x \in O}(a,b)_x$ となり，$O$ が開区間たちの和集合になることが示された．即ち，開区間は開集合のもととなる集合なのである．

一般に，位相空間 $(X, \mathcal{O})$ と $\mathcal{O}$ の部分集合族 $\mathcal{B}$ において，"$\mathcal{O}$ の任意の元が $\mathcal{B}$ の適当な元の和集合" となるとき，$\mathcal{B}$ は $\mathcal{O}$ を**生成する**といい，$\mathcal{B}$ のことを $\mathcal{O}$ の基または $\mathcal{O}$ の**基底**という．$\mathcal{O}$ の基になるための条件は "$\mathcal{O}$ の元 $O$ と $O$ の点 $x$ に対して，$x \in U_x \subset O$ となる $\mathcal{B}$ の元 $U_x$ が存在する" ことと同値であることが，上述した "開集合は開区間の和集合" であることの証明と同様にして示せる．

位相空間 $(\mathbb{R}, \mathcal{O})$ において，開区間全体の集合を $\mathcal{B}$ とすれば，$\mathcal{B}$ は $\mathcal{O}$ の基になる．"開集合" というものをその定義から具体的にイメージしようとしてもどういう集合なのかをイメージし辛いであろうが，開区間の和集合というとかなりイメージしやすいのではなかろうか．このように，開集合全体の集

---

[11] $x$ の開近傍という意味を強調するために，ここでは開区間 $(a,b)$ のことを $(a,b)_x$ で表すことにする．

## 2.4. 可算公理

合 $\mathcal{O}$ 自身を考察するよりも,その基になる集合 $\mathcal{B}$ の構造を考察する方が明快な場合がある.

位相空間とは,集合 $X$ に開集合を定義する集合族 $\mathcal{O}$ を加味した集合の組 $(X, \mathcal{O})$ のことであった.よって,位相空間の構造を調べるには,$\mathcal{O}$ の性質を見てやればよい.そのためには開集合 (開近傍) に直接何らかの条件を与えるか,あるいは,$\mathcal{O}$ の基に何らかの条件を与えることを通して位相 $\mathcal{O}$ を考察するという方法が有効である.今回は,これに関連した,可算公理について論じたい.

### 2.4.2 可算公理

本部分節では本節の主題である,可算公理を紹介する.可算公理を述べる前に,まず,基本近傍系の定義から述べることにしよう.

位相空間 $(X, \mathcal{O})$ の点 $x$ に対して,$x$ の開近傍全体の集合のことを $x$ の**近傍系**といい,$\mathcal{R}(x)$ で表す.さらに,$\mathcal{R}(x)$ の部分集合族 $\mathcal{B}(x)$ が,"$\mathcal{R}(x)$ のどんな元 $O$ に対しても,$U \subset O$ となるような $\mathcal{B}(x)$ の元 $U$ が存在する" という条件を満たすとき,$\mathcal{B}(x)$ のことを $x$ の**基本近傍系**という.

**例 2.4.1.**
通常の位相を入れた実数全体の集合による位相空間 $(\mathbb{R}, \mathcal{O})$ とその点 $a$ において,$\mathcal{B}(a) := \{B(a, 1/n) \mid n \in \mathbb{N}\}$ は $a$ の基本近傍系となる.ここで,$B(a, r) := \{x \in \mathbb{R} \mid |x - a| < r\}$ とする.

可算公理はハウスドルフによって導入された条件であり,基本近傍系や開集合の基に関する規制を与えるものである.

ハウスドルフは数直線において,以下の二つのことに注目した:

(i) 各点 $a$ の基本近傍系として,例 2.4.1 のような可算個の開近傍によって構成される $\mathcal{B}(a)$ をとることができること,

(ii) 可算個の開集合で構成される開集合の基をもつこと (後述の例 2.4.2 を参照のこと).

このような "可算性" の観点から位相空間を考察したのである.

**公理 2.4.1** (第1可算公理).
　位相空間 $(X, \mathcal{O})$ において，各点 $x$ の基本近傍系 $\mathcal{B}(x)$ で，可算個の開近傍からなるようなものが存在する．

　ここで，$\mathcal{B}(x)$ の元を $U_1, U_2, \cdots$ とするとき，まず $U_1$ を考え，次に $U_1 \cap U_2$ に含まれるような $U_{n(2)}$ を考え，さらに $U_{n(2)} \cap U_3$ に含まれる $U_{n(3)}$ を考え，以下，この規則に従って帰納的に $U_{n(k)}$ を構成していったものを改めて $U_1$, $U_2, \cdots$ とすることによって，始めから $U_1 \supset U_2 \supset \cdots$ と仮定してよいことを注意しておく．

**公理 2.4.2** (第2可算公理).
　位相空間 $(X, \mathcal{O})$ において，可算個の開集合からなる $\mathcal{O}$ の基が存在する．

　これは，"可算個の開集合 $U_1, U_2, \cdots$ が存在して，$(X, \mathcal{O})$ の各点 $x$ に対して，$x$ を含む $U_i$ 全体の集合が $x$ の基本近傍系をなす"ことと同値である．
　実際，$(X, \mathcal{O})$ が公理 2.4.2 を満たすとし，開集合の基を構成する可算個の開集合 $U_1, U_2, \cdots$ をとり，$(X, \mathcal{O})$ の任意の点 $x$，さらに，$x$ を含む $U_i$ 全体の集合 $\mathcal{B}(x)$ をとる．このとき，$x$ を含む開集合 $O$ に対して，基の定義から $x \in U_i \subset O$ となる $U_i$ が存在し，$U_i \in \mathcal{B}(x)$ となるので，$\mathcal{B}(x)$ が基本近傍系をなすことがいえる．
　逆に，$(X, \mathcal{O})$ の各点 $x$ に対して，$x$ を含む $U_i$ 全体の集合が $x$ の基本近傍系をなすような可算個の開集合 $U_1, U_2, \cdots$ をとると，これは $\mathcal{O}$ の基になる．事実，$\mathcal{O}$ の元 $O$ と $O$ の任意の点 $x$ に対して，$x$ を含む $U_i$ 全体の集合が $x$ の基本近傍系をなすことから，$x \in U_i \subset O$ となる $U_i$ が存在し，$U_1, U_2$, $\cdots$ が $\mathcal{O}$ の基になることが示され，公理 2.4.2 を得る．
　公理 2.4.2 における開集合の基のことを**可算基**という．

**例 2.4.2.**
　例 2.4.1 の位相空間 $(\mathbb{R}, \mathcal{O})$ において，$\mathcal{B} := \{B(a, r) \mid a \in \mathbb{Q}, r \in \mathbb{Q}, r > 0\}$ は可算基を与える．このことから，位相空間 $(\mathbb{R}, \mathcal{O})$ は第2可算公理を満たす．

*Proof.*
　開集合 $O$ と $O$ の任意の点 $x$ をとる．開集合の定義から $x \in (b, c) \subset O$ となる開区間 $(b, c)$ が存在する．さらに，$x \in (b', c') \subset (b, c)$ となる有理数 $b'$, $c'$ が存在するので，$a := (b' + c')/2, r := (c' - b')/2$ とすれば，$a$ と $r$ は有理

数であり，$x \in B(a,r) \subset O$ となる．よって，$\mathcal{B}$ が $\mathcal{O}$ の基になることが示された． □

第1可算公理は位相空間の各点の近傍における条件であることから，その位相空間の局所的な条件である．それに対して，第2可算公理は位相空間の基に関する条件，即ち，位相に関する条件であることから，大域的な条件である．

第2可算公理を満たすような位相空間は第1可算公理も満たす．では，逆に第1可算公理を満たすような位相空間は第2可算公理を満たすかというと，それは一般には成り立たない．事実，以下のような例が知られている．

**例 2.4.3.**

実数全体の集合 $\mathbb{R}$ を考える．今，$\mathcal{B} := \{[a,b) \mid a,b \in \mathbb{R},\ a<b\}$ を基とする位相を $\mathcal{O}'$ とする．このとき，位相空間 $(\mathbb{R}, \mathcal{O}')$ は第1可算公理を満たすが第2可算公理を満たさない．

この位相空間においては $[a,b)$ という形の集合は開集合であり，閉集合でもある．実際，$[a,b)$ の補集合は $(-\infty, a) \cup [b, \infty)$ となる．ここで，$(-\infty, a) = \cup_{n \in \mathbb{N}}[a-n, a)$ であり，$[b, \infty) = \cup_{n \in \mathbb{N}}[b, b+n)$ である．即ち，$(-\infty, a)$, $[b, \infty)$ のいずれも開集合 $[a-n, a)$, $[b, b+n)$ の可算個の和集合で表されることから，$[a,b)$ の補集合は開集合となる．よって，$[a,b)$ は閉集合になる[12]．また，開区間 $(a,b)$ も $\cup_{n \in \mathbb{N}}[a+(b-a)/(2n), b)$ で表されることから開集合になる．

位相空間 $(\mathbb{R}, \mathcal{O}')$ は第1可算公理を満たす．事実，$(\mathbb{R}, \mathcal{O}')$ の任意の点 $x$ をとると，$\{[x, x+1/n) \mid n \in \mathbb{N}\}$ が $x$ の可算個の基本近傍系を作る．

次に，$(\mathbb{R}, \mathcal{O}')$ は第2可算公理を満たさないことを背理法によって証明しよう．第2可算公理を満たすとすると，可算基 $U_1, U_2, \cdots$ が存在する．今，$a_n := \inf\{x \mid x \in U_n\}$ をとると，$a_1, a_2, \cdots$ は $\mathbb{R}$ 上の可算個の点になるので，それ以外の点 $x$ が存在する．この $x$ の近傍 $[x, b)$ に対して，開集合の基の定義から，$x \in U_m \subset [x, b)$ となる開集合 $U_m$ がある．このとき，$x$ は $U_m$ の最小値になるので $x = a_m$ となるが，$x$ は $\{a_n\}$ 以外の点としていたので矛盾する．以上により，$(\mathbb{R}, \mathcal{O}')$ は第2可算公理を満たさないことが証明された．

---

[12]例2.4.1のような位相空間 $(\mathbb{R}, \mathcal{O})$ において，$[a,b)$ は開集合でも閉集合でもない．同じ実数 $\mathbb{R}$ でも，入れる位相によって位相空間としての構造が変わるのである．

## 2.4.3 応用

　もともと位相とは，実数の連続性を表現する開集合というものを公理化し，一般の集合で考え直したものであった．

　実数の連続性は点列の収束性と大きな関わりがあったことから，点列を用いた位相空間の研究は非常に有力である．しかし，後述の例 2.4.4 に見られるように，全ての位相的概念を点列によって置き換えることは一般にはできない．可算公理は位相的概念が点列によって表現されるような位相空間とそうでない位相空間とを区別するのに役立つのである．本部分節では位相空間の間の連続写像を通してこのことを考える．

　読者の中には，次のような点列による連続関数の定義をご覧になった方がいるかもしれない：関数 $f : \mathbb{R} \longrightarrow \mathbb{R}$ において，実数 $a$ に収束するようなどんな実数列 $\{a_n\}$ に対しても $\{f(a_n)\}$ が $f(a)$ に収束するとき，$f$ は $a$ で連続であるという．

　これに対して，一般に高校で習う関数の連続とは，$f : \mathbb{R} \longrightarrow \mathbb{R}$ において，$x$ が $a$ に限りなく近付くとき，$f(x)$ が $f(a)$ に限りなく近付く，というものであろう．

　大学ではこれを $\varepsilon - \delta$ 論法によって表現する：任意の正の $\varepsilon$ に対して，適当な正の $\delta$ をとれば，$|x - a| < \delta$ となる全ての $x$ が $|f(x) - f(a)| < \varepsilon$ を満たす．

　さらに，$\varepsilon - \delta$ 論法は開集合を用いて次のように表される：$f(a)$ の任意の $\mathbb{R}$ の開近傍 $O$ に対して，$f^{-1}(O)$ が $a$ の $\mathbb{R}$ における開近傍になる．

　結果からいえば，点列による連続の定義と $\varepsilon - \delta$ 論法による連続の定義とは同値である．つまり，実数全体の集合 $\mathbb{R}$ に通常の位相 $\mathcal{O}$ を入れた位相空間 $(\mathbb{R}, \mathcal{O})$ において，関数の連続という位相的概念は点列によって表現される．しかし，一般の位相空間に対してはこのことは真ではない．それをこれから見ていこう．

　まず位相空間における点列の収束を復習しよう．位相空間 $(X, \mathcal{O})$ の点列 $\{a_n\}$ および点 $a$ において "点 $a$ のどんな開近傍 $O$ に対しても，適当な番号 $n_0$ をとれば $n \geq n_0$ となる全ての $n$ に対して $a_n \in O$" となるとき，点列 $\{a_n\}$ は点 $a$ に**収束**するといい，$a = \lim_{n \to \infty} a_n$ で表す．また，このとき，点 $a$ を点列 $\{a_n\}$ の**極限点**という．

## 2.4. 可算公理

**定義 2.4.1** (点列連続).

二つの位相空間 $(X_1, \mathcal{O}_1)$, $(X_2, \mathcal{O}_2)$ において,写像 $f : X_1 \longrightarrow X_2$ を考える. $X_1$ の点 $x$ に収束するどんな $X_1$ の点列 $\{x_n\}$ に対しても,$X_2$ の点列 $\{f(x_n)\}$ が $f(x)$ に収束するとき,写像 $f$ は点 $x$ において**点列連続**であるという.

**命題 2.4.1.**

二つの位相空間 $(X_1, \mathcal{O}_1)$, $(X_2, \mathcal{O}_2)$,および写像 $f : X_1 \longrightarrow X_2$ を考える.このとき,以下が成り立つ.
(1) 写像 $f$ が $X_1$ の点 $x$ で連続ならば,$f$ は点 $x$ で点列連続となる.
(2) 位相空間 $(X_1, \mathcal{O}_1)$ が第 1 可算公理を満たすとする.このとき,$f$ が $X_1$ の点 $x$ で点列連続ならば $f$ は点 $x$ で連続となる.

*Proof.*
(1) 写像 $f$ が $X_1$ の点 $x$ で連続であるとする.

$x$ に収束するような $X_1$ の点列 $\{x_n\}$ を任意にとる. $f$ は連続であるので,$f(x)$ のどんな開近傍 $O$ に対しても $f^{-1}(O)$ は $x$ の開近傍になる.

点列 $\{x_n\}$ は $x$ に収束することから,$x$ の開近傍 $f^{-1}(O)$ に対して,適当な番号 $n_0$ をとれば $n \geq n_0$ となる全ての $n$ において $x_n \in f^{-1}(O)$ となる.このとき,$n \geq n_0$ となる全ての $n$ に対して $f(x_n) \in O$ が成り立つ. $O$ は $f(x)$ の任意の開近傍であったので,$X_2$ の点列 $\{f(x_n)\}$ が $f(x)$ に収束することが示された.
(2) $U_1$, $U_2$, $\cdots$ を点 $x$ の基本近傍系とする.公理 2.4.1 の直後に言及したことから,始めから $U_1 \supset U_2 \supset \cdots$ と仮定しても一般性を失わない.

$f$ が点 $x$ で連続であることを背理法によって示す. $f$ が点 $x$ で連続でないとすると,$X_2$ の点 $f(x)$ の開近傍 $O$ をうまくとれば,$f^{-1}(O)$ が点 $x$ の開近傍にならないようにできる.このことと各 $U_n$ が点 $x$ の開近傍であることから,各 $U_n$ は $f^{-1}(O)$ の部分集合にはならない.何故ならば,仮に $U_n \subset f^{-1}(O)$ となるような $n$ が一つでもあるとすると,

$$f(U_n) \subset f(f^{-1}(O)) \subset O$$

ゆえ,$f$ が $x$ で連続になってしまうからである.よって,$x$ に収束する点列 $\{x_n\}$ で,$x_n \in U_n$ かつ $x_n \notin f^{-1}(O)$ (即ち,$f(x_n) \notin O$) となるものが存在

する．このとき，点列 $\{x_n\}$ は点 $x$ に収束するが，点列 $\{f(x_n)\}$ は $f(x)$ には収束しないので，$f$ が $x$ で点列連続であることに反する．

以上により，$f$ が $x$ で連続であることが示された． □

命題 2.4.1 から，第 1 可算公理を満たすような位相空間においては，連続であることと点列連続であることとは同値である．例 2.4.1 で見た通り，実数全体の集合 $\mathbb{R}$ に通常の位相 $\mathcal{O}$ を入れた位相空間 $(\mathbb{R}, \mathcal{O})$ は第 1 可算公理を満たすので，前述の通り，点列による連続の定義と $\varepsilon - \delta$ 論法による連続の定義とが同値となるのである．

では，第 1 可算公理を満たさないような位相空間ではどうなるかという疑問が起こると思う．これに関しては以下のような例が知られている．

**例 2.4.4.**

実数全体の集合 $\mathbb{R}$ において，補集合が高々可算集合になるような $\mathbb{R}$ の部分集合と空集合とで作られる集合を $\mathcal{O}''$ とする：

$$\mathcal{O}'' = \{\emptyset\} \cup \{A \subset \mathbb{R} \mid \mathbb{R} - A \text{ が高々可算集合}\}$$

$\mathcal{O}''$ が $\mathbb{R}$ の位相を与えるということと，位相空間 $(\mathbb{R}, \mathcal{O}'')$ が第 1 可算公理を満たさないことの証明は読者に任せる．

今，位相空間 $(\mathbb{R}, \mathcal{O}'')$ と実数全体の集合 $\mathbb{R}$ に通常の位相 $\mathcal{O}$ を入れた位相空間 $(\mathbb{R}, \mathcal{O})$ を考える．恒等写像によって定義される $(\mathbb{R}, \mathcal{O}'')$ から $(\mathbb{R}, \mathcal{O})$ への写像を $f$ とする：

$$f : \mathbb{R} \longrightarrow \mathbb{R}$$
$$x \longmapsto x$$

このとき，$\mathbb{R}$ の各点において，$f$ は $(\mathbb{R}, \mathcal{O}'')$ から $(\mathbb{R}, \mathcal{O})$ への点列連続となるが，連続にはならないことを示す．

まず，$\mathbb{R}$ の点 $x$ を任意にとる．$(\mathbb{R}, \mathcal{O})$ における $x$ の開近傍 $(x - \varepsilon, x + \varepsilon)$（ただし，$\varepsilon > 0$）に対して，$f^{-1}((x - \varepsilon, x + \varepsilon)) = (x - \varepsilon, x + \varepsilon)$ となるが，これは補集合 $(-\infty, x - \varepsilon] \cup [x + \varepsilon, \infty)$ が高々可算集合でないので，$(\mathbb{R}, \mathcal{O}'')$ の開集合にならない．よって，$f$ は $x$ で連続でない．

次に，$(\mathbb{R}, \mathcal{O}'')$ において $x$ に収束するような点列の性質を考える．実数列 $\{x_n\}$ を任意にとり，$\mathbb{R}$ の部分集合

$$O = (\mathbb{R} - \{x_1, x_2, \cdots\}) \cup \{x\}$$

をとると，$O$ の補集合が $x$ と異なる $x_n$ によって作られる集合，即ち，高々可算集合となることから，$O$ は $(\mathbb{R}, \mathcal{O}'')$ における $x$ の開近傍になる．$\{x_n\}$ が $x$ に収束するためには，$x$ のどんな開近傍に対しても，適当な番号以降の全ての $x_n$ たちがその開近傍に含まれねばならない．開近傍として $O$ をとると，$O$ には各 $x_n$ が含まれていないので，$\{x_n\}$ が $x$ に収束するためには適当な番号以降の $n$ 全てにおいて，$x_n = x$ とならねばならない．つまり，$\{x_n\}$ が $x$ に収束するための必要十分条件は "適当な番号 $n_0$ をとれば $n \geq n_0$ となる全ての $n$ に対して $x_n = x$" となることである．

このような $\{x_n\}$ に対して，$\{f(x_n)\} = \{x_n\}$ が $(\mathbb{R}, \mathcal{O})$ において $f(x) = x$ に収束することは当然である．よって，$f$ は $x$ で点列連続となる．

今回は可算公理について述べてみた．点列による位相空間の研究は非常に有力ではあるが，全ての位相的概念を点列によって説明できるわけではない．その理由の一つには，点列が可算集合であるということがあげられる．

点列による位相空間の考察とは，可算集合による位相空間の考察といえる．しかし，位相的概念が常に可算集合によって解読されるわけではない．可算公理は位相空間に "ある種の可算性" を導入するものであり，可算集合による位相空間の研究に非常に有用な概念なのである．

### 演習 34.
稠密で高々可算な部分集合をもつような位相空間のことを**可分**な位相空間という．

このとき，第 2 可算公理を満たすような位相空間は可分であることを示せ．

## 2.5 コンパクト性

### 2.5.1 ハイネ・ボレルの定理

読者の中には高校にて連続関数の最大値・最小値の原理というものを勉強した方がおられるかもしれない．数直線上の閉区間 $[a, b]$ 上で定義された連続関数 $f$ は最大値・最小値をもつ，即ち，"$[a, b]$ 内の点 $c_1$ で，どんな $[a, b]$ の点 $x$ に対しても $f(x) \leq f(c_1)$ となるようなもの" および "$[a, b]$ 内の点 $c_2$ で，どんな $[a, b]$ の点 $x$ に対しても $f(x) \geq f(c_2)$ となるようなもの" が存在するというものである．

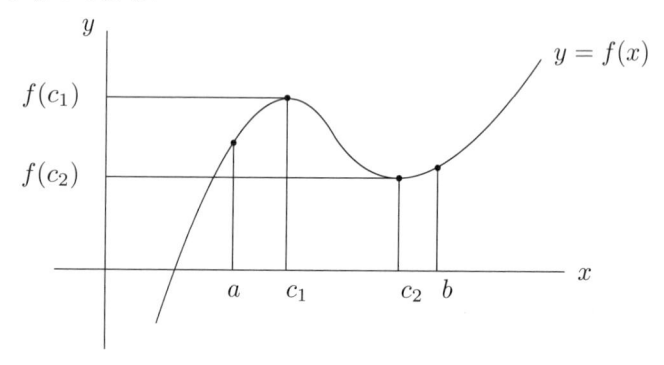

ここで，閉区間というものが対象となっていることに注意されたい．実際，定義域が閉区間でない場合，この原理は一般には成り立たない．例えば，閉区間 $[a, b]$ を開区間 $(a, b)$ や半開区間 $[a, b)$ に変えると，下図のような反例ができる：

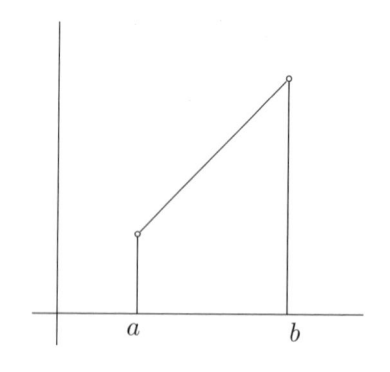

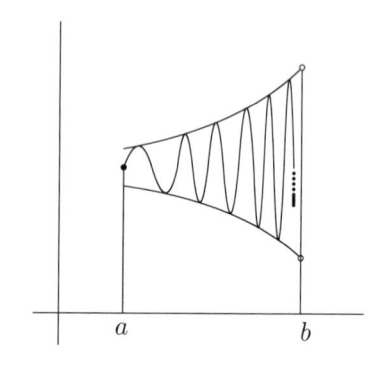

## 2.5. コンパクト性

左図は単調増加な直線，右図は直線 $x = b$ に近付くにつれ上下に振動しながら二つの白丸に近付いていくような曲線である．いずれも定義域で連続であるが最大値・最小値をもたない．

では，閉区間を位相的に考えてみよう．次のハイネ・ボレルの定理の証明は専門書に任せることとして，以下ではその意味するところを見ていくことにする．これは最近ではボレル・ルベーグの定理といわれるようになった定理である．ハイネは1872年に§2.5.4にあるハイネの定理を発表したのであるが，その証明法を基にすればこの定理を得ることから，ハイネの名前を入れるようになったといわれている．実際は，ハイネ自身はこの定理には言及しておらず，ボレルが1898年に特殊な場合で示し，その後1903年にルベーグがそれを一般化したものである．ただし，本講では従来の習慣に従い，ハイネ・ボレルの定理ということにする．

**定理 2.5.1** (ハイネ・ボレル)．

$\{O_\lambda \mid \lambda \in \Lambda\}$ を有界閉区間 $[a, b]$ を被う任意の開集合の族とする，即ち，$\{O_\lambda \mid \lambda \in \Lambda\}$ を $[a, b] \subset \cup_{\lambda \in \Lambda} O_\lambda$ となるような任意の開集合の族とする．

このとき，このうちの適当な有限個の開集合 $O_{\lambda_1}, O_{\lambda_2}, \cdots, O_{\lambda_n}$ をとれば $[a, b]$ を被うことができる，つまり，$[a, b] \subset O_{\lambda_1} \cup O_{\lambda_2} \cup \cdots \cup O_{\lambda_n}$ とできる．

このハイネ・ボレルの定理を見ただけでその価値を把握するのは少々難しいと思われる．ここでは開区間と閉区間とを比較することを通して，具体的に考えてみる．

まず，開区間 $(a, b)$ に対して，開集合族 $\{(a, b - (b-a)/(2n)) \mid n \in \mathbb{N}\}$ を考える．

$$\cup_{n \in \mathbb{N}}(a, b - (b-a)/(2n)) = (a, b)$$

であることから，この開集合族は開区間 $(a, b)$ を被うことが判る．しかし，この開集合族のどんな有限個の開集合をとったとしても，開区間 $(a, b)$ を被うことはできない．

一方，閉区間 $[a, b]$ に対して，例えば，開集合族 $\{(a - 1, b + 1 - (b-a)/(2n)) \mid n \in \mathbb{N}\}$ をとるとしよう．このとき，

$$\cup_{n \in \mathbb{N}}(a - 1, b + 1 - (b-a)/(2n)) = (a - 1, b + 1) \supset [a, b]$$

となるので，この開集合族は閉区間 $[a, b]$ を被う．これに対して，例えば，$n_0 > (b-a)/2$ となるような $n_0$ をとれば，$b + 1 - (b-a)/(2n_0) > b$ となるので，$[a, b] \subset (a-1, b+1-(b-a)/(2n_0))$ となることから，一つの開集合で閉区間 $[a, b]$ を被うことができる．

もちろん，開区間 $(a, b)$ に対して，$\{(a, b+1/n) \mid n \in \mathbb{N}\}$ のような開集合族をとれば，$(a, b) \subset \cup_{n \in \mathbb{N}}(a, b+1/n)$ であり，どんな $n$ に対しても $(a, b) \subset (a, b+1/n)$ となるので，一つの開集合で開区間 $(a, b)$ を被うことができるのであるが，今考えているのは"$(a, b)$ を被うようなどんな開集合族に対しても，そのうちの有限個の開集合を用いて $(a, b)$ を被うことができるか"ということであることを注意する．

このように，自分自身を覆うような任意の開集合族から有限個の開集合を選んで自分自身を被うことができるかどうかという位相的な観点から，閉区間と開区間とを区別することができるのである．今回はこれに関連した，位相空間のコンパクト性について述べたい．

閉区間上の連続関数における最大値・最小値の原理に見られるように，閉区間には有用な性質が色々ある．このような性質は一般の位相空間には期待できないのであるが，コンパクト空間では閉区間と類似した性質が成り立つのである．

### 2.5.2 コンパクト性

**定義 2.5.1** (コンパクト性)**.**

位相空間 $(X, \mathcal{O})$ の部分集合 $A$ をとる．このとき，$A$ を被うようなどんな開集合族 $\{O_\lambda \mid \lambda \in \Lambda\}$ に対しても，そのうちの有限個の適当な開集合 $O_{\lambda_1}$, $O_{\lambda_2}$, $\cdots$, $O_{\lambda_n}$ をとれば，$A \subset O_{\lambda_1} \cup O_{\lambda_2} \cup \cdots \cup O_{\lambda_n}$ とできるとき，$A$ は**コンパクト**であるという．特に，$X$ 自身がコンパクトであるとき，$(X, \mathcal{O})$ を**コンパクト空間**という．

通常の位相 $\mathcal{O}$ を入れた実数全体の集合 $\mathbb{R}$ による位相空間 $(\mathbb{R}, \mathcal{O})$ において，ハイネ・ボレルの定理により，有界閉区間はコンパクトである．

ハイネ・ボレルの定理は次のように一般化される．

## 2.5. コンパクト性

**定理 2.5.2.**
位相空間 $(\mathbb{R}, \mathcal{O})$ において，有界閉集合はコンパクトである．特に，有界閉区間は有界閉集合なので，ハイネ・ボレルの定理を得る．

また，この逆も成り立つことが知られている．

**定理 2.5.3.**
位相空間 $(\mathbb{R}, \mathcal{O})$ において，コンパクト集合は有界閉集合になる．

以上の結果の証明は紙面の都合上割愛するが，このように，位相空間 $(\mathbb{R}, \mathcal{O})$ において，コンパクト性は有界閉集合を特徴付ける概念となる．このことから，コンパクト性というものは，数直線における有界閉集合に関する概念を，一般の位相空間へと拡張したものであると考えられるのである．

### 2.5.3 諸性質

本部分節ではコンパクト空間が満たす性質を述べていく．コンパクトの議論に慣れて頂くために，証明も付けることにする．

**命題 2.5.1.**
コンパクト空間の閉集合はコンパクトである．

*Proof.*
$(X, \mathcal{O})$ をコンパクト空間，$A$ をその閉集合とする．今，$\{O_\lambda \mid \lambda \in \Lambda\}$ を $A$ を被うような開集合族とする．

このとき，$A^c$ と $\{O_\lambda \mid \lambda \in \Lambda\}$ を合わせた開集合族は $X$ を被う．$(X, \mathcal{O})$ はコンパクトであることから，このうちの適当な開集合 $O_{\lambda_1}$, $O_{\lambda_2}$, $\cdots$, $O_{\lambda_n}$ と $A^c$ をとれば，$X$ を被うことができる（$A^c$ は不要かもしれないが，開集合を一つ増やす分には開集合が有限個であることは変わらないので，議論を円滑にするために $A^c$ も入れることにする）：$X \subset O_{\lambda_1} \cup O_{\lambda_2} \cup \cdots \cup O_{\lambda_n} \cup A^c$. これらのうち，$O_{\lambda_1}$, $O_{\lambda_2}$, $\cdots$, $O_{\lambda_n}$ は $A$ を被う．実際，

$$A = A \cap X \subset A \cap (O_{\lambda_1} \cup O_{\lambda_2} \cup \cdots \cup O_{\lambda_n} \cup A^c)$$
$$= (A \cap O_{\lambda_1}) \cup (A \cap O_{\lambda_2}) \cup \cdots \cup (A \cap O_{\lambda_n}) \cup (A \cap A^c)$$
$$\subset O_{\lambda_1} \cup O_{\lambda_2} \cup \cdots \cup O_{\lambda_n}.$$

よって，$A$ はコンパクトである． □

また，コンパクト性は連続写像によって保存される．

**命題 2.5.2.**
位相空間 $(X, \mathcal{O}_X)$, $(Y, \mathcal{O}_Y)$, および連続写像 $f : X \longrightarrow Y$ をとる．$A$ を $X$ のコンパクト集合とすれば，$f(A)$ は $Y$ のコンパクト集合となる．

*Proof.*
$\{O_\lambda \mid \lambda \in \Lambda\}$ を $f(A)$ を被うような開集合族とする： $f(A) \subset \cup_\lambda O_\lambda$．このとき，$A \subset f^{-1}(f(A)) \subset f^{-1}(\cup_{\lambda \in \Lambda} O_\lambda) = \cup_{\lambda \in \Lambda} f^{-1}(O_\lambda)$ が成り立つ．$f$ が連続写像であることから，各 $f^{-1}(O_\lambda)$ は開集合になるので，$\{f^{-1}(O_\lambda) \mid \lambda \in \Lambda\}$ は $A$ を被う開集合族になる．

$A$ がコンパクトであるから，適当な $f^{-1}(O_{\lambda_1}), f^{-1}(O_{\lambda_2}), \cdots, f^{-1}(O_{\lambda_n})$ をとれば，$A$ を被うことができる：$A \subset f^{-1}(O_{\lambda_1}) \cup f^{-1}(O_{\lambda_2}) \cup \cdots \cup f^{-1}(O_{\lambda_n})$．このとき，

$$f(A) \subset f(f^{-1}(O_{\lambda_1}) \cup f^{-1}(O_{\lambda_2}) \cup \cdots \cup f^{-1}(O_{\lambda_n}))$$
$$= f(f^{-1}(O_{\lambda_1})) \cup f(f^{-1}(O_{\lambda_2})) \cup \cdots \cup f(f^{-1}(O_{\lambda_n}))$$
$$\subset O_{\lambda_1} \cup O_{\lambda_2} \cup \cdots \cup O_{\lambda_n}.$$

よって，$f(A)$ はコンパクトとなる． □

さらに，コンパクト空間上で定義された連続関数は最大値・最小値の原理を満たす．

**命題 2.5.3** (最大値・最小値の原理)**.**
コンパクト空間上で定義された実数値連続関数は最大値・最小値をとる．

*Proof.*
$f$ をコンパクト空間 $(X, \mathcal{O})$ 上の実数値連続関数とする．命題 2.5.2 から，$f(X)$ は通常の位相に関する $\mathbb{R}$ のコンパクト集合となるので，定理 2.5.3 により有界閉集合である．よって，$\alpha = \inf f(X)$, $\beta = \sup f(X)$ が存在し，共に $f(X)$ に属する．

これにより，$\alpha = f(c_1)$, $\beta = f(c_2)$ となるような $X$ 上の点 $c_1, c_2$ がとれ，どんな $x \in X$ に対しても $\alpha = f(c_1) \leq f(x) \leq f(c_2) = \beta$ となるので，これらが最大値・最小値を与える． □

## 2.5. コンパクト性

　今回は位相空間のコンパクト性について述べてみた．数直線において，有界閉集合は非常に有用な性質をもつのであるが，これと類似する性質を満たすような位相空間とそうでない位相空間とを区別するような位相的概念がコンパクト性である．

　本講では紹介しなかったが，閉区間における集積点に関する結果も，コンパクト空間上では成り立つ．例えば，コンパクト空間上の無限集合は集積点をもつことが知られている．また，コンパクト性はハウスドルフの分離公理を満たすような空間とそうでない空間とでは非常に異なった性質を示す．例えば，"コンパクト空間において，閉集合はコンパクト"であるのだが，"位相空間において，コンパクト集合は閉集合"となるとは限らない．しかし，ハウスドルフ空間においてはコンパクト集合は閉集合となるのである．興味のある読者は是非，専門書などで勉強して頂きたい．

　「集合・位相に親しむ」として，12回にわたって色々なトピックを紹介してきたが，今回で筆納めとなる．

　大学で学ぶ数学は中学・高校で習う数学とは異種のものであることは皆が感じることであろう．特に，この集合・位相という概念は公理ばかりが立ち並び，ある意味，言葉の羅列とも受け取られ，非常に受け入れ難いものがあると思う．そのため，本講は高校までの知識 (数I, 数II, 数III, 数A, 数B, 数C) で入れるような書法でまとめるよう工夫したつもりである．もちろん，筆者と読者の理想と現実との違いは十分考えられるので，ご不満をもたれた方々も多かったのではないかと思うが，何卒ご理解頂きたい．

### 2.5.4　付録

　コンパクト性からは少々脱線するが，閉区間のもつ性質の一つとして，連続関数に関する一様連続性について触れる．詳しい証明などは専門書にゆずる．

　数直線上の部分集合 $A$ で定義された関数 $f$ が $A$ の点 $x_0$ において連続であるとは，"任意の正の $\varepsilon$ に対して，適当な正の $\delta$ をとれば，$|x - x_0| < \delta$ とな

る全ての $A$ の点 $x$ が $|f(x) - f(x_0)| < \varepsilon$ を満たすようにできる"ことであった．これは各点 $x_0$ ごとに主張されることなので，$\delta$ の値は $x_0$ に依存する．この $\delta$ が $x_0$ に依存しないような連続性が一様連続性である．

**定義 2.5.2** (一様連続性)**.**
　数直線上の部分集合 $A$ で定義された関数 $f$ が以下を満たすとき，$A$ 上**一様連続**であるという：任意の正の $\varepsilon$ に対して，適当な正の $\delta$ をとれば，$|x-y| < \delta$ となるような全ての $A$ の点 $x$, $y$ が $|f(x) - f(y)| < \varepsilon$ を満たすようにできる．

　一様連続な関数は連続であるが，連続な関数であるからといって一様連続とは限らない．しかし，閉区間においては以下が成り立つことが知られている．

**定理 2.5.4** (ハイネ)**.**
　閉区間で連続な関数は一様連続である．

　一様連続関数の有用な性質は，より大きな定義域上の連続関数として拡張できることにある．

**定理 2.5.5** (ハイネ)**.**
　$A$ を閉区間 $[a, b]$ の稠密集合，即ち，$\overline{A} = [a, b]$ となるような集合とする．$A$ 上で定義された関数 $f$ が一様連続であれば，$f$ は $[a, b]$ 全体で定義された連続関数に拡張される，つまり，$[a, b]$ 上の連続関数 $F$ で，全ての $x \in A$ に対して，$F(x) = f(x)$ となるようなものが存在する．

　この定理は実際，高校数学に適用されている．読者の中には指数関数 $f(x) = a^x$ ($a > 0$, $a \neq 1$) というものを勉強した方がおられるであろう．
　教科書での指数関数を導入する手順は，まず，$a^x$ の $x$ が整数の場合を以下で定義する：

$$\text{正の整数 } n \text{ に対して, } a^n = \underbrace{a \cdot a \cdots \cdots a}_{n \text{ 個}},$$

$$n = 0 \text{ に対して, } a^0 = 1,$$

$$\text{負の整数 } -n \text{ に対して, } a^{-n} = \frac{1}{a^n}.$$

このとき，整数 $m$, $n$ に対して指数法則

$$a^m a^n = a^{m+n}, \ (a^m)^n = a^{mn}, \ (ab)^n = a^n b^n$$

## 2.5. コンパクト性

が成り立つ．

次に，この指数法則が成り立つように，$x$ の定義域を整数から有理数へと拡張するため，

$$a^{\frac{m}{n}} = \sqrt[n]{a^m}$$

と定義する．

さらに，有理数 $x$ で定義された $a^x$ を実数を定義域とする関数へと拡張したものが指数関数 $a^x$ ($x$ は実数) であるとするわけである．

しかし，実際に $a^{\sqrt{2}}$ などはどのように定義されるかには触れず，何となく判った気になって進むのであるが，これは定理 2.5.5 を暗黙のうちに適用しているのである．

事実，有理数全体の集合 $\mathbb{Q}$ で定義された指数関数 $a^x$ ($x \in \mathbb{Q}$) を考える．任意の有界閉区間 $[a,b]$ をとると，指数関数は $[a,b] \cap \mathbb{Q}$ 上で一様連続である．$\overline{[a,b] \cap \mathbb{Q}} = [a,b]$ であることから，定理 2.5.5 により，指数関数は $[a,b]$ 上の連続関数に拡張される．$[a,b]$ は任意の閉区間としたので，指数関数は全ての実数上で定義された連続関数 $a^x$ ($x$ は実数) に拡張されるわけである．

昨今，高校の一部の教科書で，指数関数の単元において指数が無理数の場合を取り扱っているものがある．指数関数 $a^x$ において指数 $x$ が有理数ならば，$a$ によって $a^x$ が有理数になる場合と代数的な無理数になる場合とがある．例えば，$a = 4$ で $x = 3/2$ のときは $a^x = 8$ となるので有理数になり，$a = 2$ で $x = 1/2$ のときは $a^x = \sqrt{2}$ になるので無理数，さらにこれは $2 - x^2 = 0$ という整数係数の二次方程式の解になるゆえ代数的数になる．

これに対して，指数 $x$ が無理数のときに $a^x$ はどうなるかという問題が生じる．実際，その関連した問題として，例えば $2^{\sqrt{2}}$ は有理数か無理数か，無理数ならば超越数かどうかを問う問題が，1900 年のパリにて行われた国際数学者会議においてヒルベルトによって提唱された．この問題はそれから 30 年もの間，その進展が見られなかったのであるが，ジーゲルやゲルフォントらによって $2^{\sqrt{2}}$ のみならず，$a$ が 0 または 1 に等しくない代数的数で $x$ が代数的な無理数のときの $a^x$ をも含めて，多くの数学的に重要な数の超越性を証明する新しい方法が確立されたという歴史がある[13]．このように，$2^{\sqrt{2}}$ は超越

---

[13] $2^{\sqrt{2}}$ は**ヒルベルト数**といわれている．

数になるが，では指数関数 $2^x$ において $2^x$ が有理数となるような無理数 $x$ があるかというと，以下で述べるように，$x = \log_2 3$ などが該当する．

高校の数学教育において，$\sqrt{2}$ が無理数であることの証明に見られるように，無理数であることの証明法は背理法が教授されている．背理法を用いれば $\sqrt{2}$ のみならず，$\sqrt{3}$ や $\sqrt[3]{2}$ などの $n$ 乗根が無理数であることも示される．さらに $n$ 乗根以外の無理数の例として，一部の教科書には $\log_2 3$ などの，互いに素な底と真数を用いた対数による無理数の紹介がある．実際，仮に $\log_2 3$ が有理数であるとすると

$$\log_2 3 = \frac{m}{n}$$

となるような互いに素な自然数 $m$ と $n$ が存在する．対数の定義から

$$2^{\frac{m}{n}} = 3$$

となるわけだが，このとき両辺を $n$ 乗すれば $2^m = 3^n$ が従い，2 と 3 が互いに素ゆえ矛盾が起こる．このことから，$\log_2 3$ は無理数であり，対数の定義から

$$2^{\log_2 3} = 3$$

となる．これは 2 を無理数乗したら有理数になる例を与える．

こうした様々な学問的背景を加味すれば，高校の段階で指数が無理数のときや対数による無理数に言及した教科書は評価されるべきものであろう．

**演習 35.**

実数全体の集合 $\mathbb{R}$ に通常の位相 $\mathcal{O}$ を入れて考える．このとき，連続関数に関する**中間値の定理**：「閉区間 $[a, b]$ で定義されている連続関数 $f(x)$ において（もっと広い範囲で定義されていてもよい），$f(a) \neq f(b)$ ならば，$f(a)$ と $f(b)$ の間の値 $\alpha$ を任意にとれば，$f(c) = \alpha$ となるような $c \in (a, b)$ が存在する」と最大値・最小値の原理を踏まえた上で，閉区間 $[a, b]$，$[a, b)$，$\mathbb{R}$ の三つの集合はいずれも同相にならないことを示せ．

**演習 36.**

区間 $[0, \infty)$ で定義された関数 $f(x) = \sqrt{x}$ は $[0, \infty)$ 上一様連続になることを示せ．

# 第3章　番外編

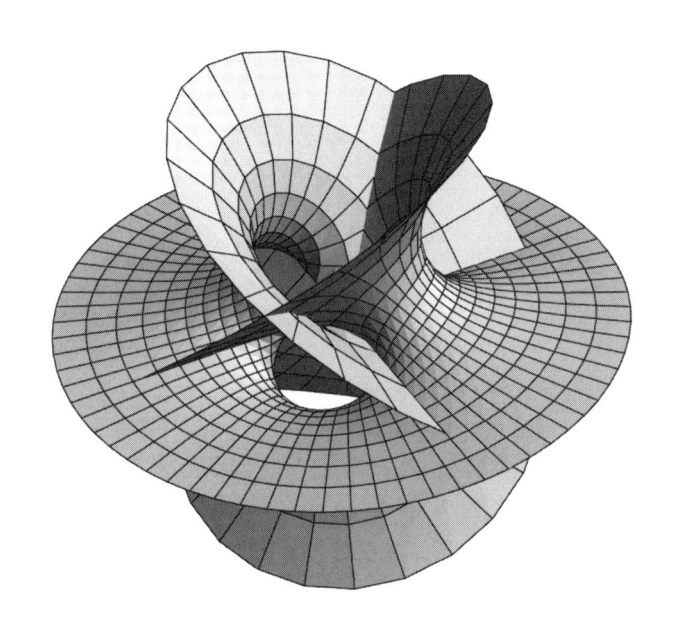

平面とエネパー曲面をドッキングさせたような複雑な曲面．中央部の円を広げていけば平面に近付く．また，上下に飛び出ている個所はエネパー曲面に類似している．福岡教育大学の藤森祥一氏との共同研究によって得られた曲面．

§1.6 にて，有理数から実数を定義する手順を紹介したが，本講では自然数，整数，有理数の厳密な定義には一切言及せずに話を進めてきた．

自然数とは

$$1, 2, 3, \cdots$$

で表され，整数とは自然数に 0 と負の数を付け加えた

$$\cdots, -2, -1, 0, 1, 2, \cdots$$

のことであり，有理数とは整数と整数との分数の形 $m/n$ で表される数のことである．

もちろん，この認識に間違いはなく，これから数学の議論をしていく上で何の問題もなく進めることができる．ただし，上述の定義は感覚的な部分があることは否めない．まずは自然数の意味を考えてからそれを見ることにする．例えば，

$$a, a', a'', a''', \cdots$$

としたものは，上述の $1, 2, \cdots$ という記号を "′" という記号に置き換えただけのものであるが，これは自然数と見なせることは想像できると思う．つまり，自然数とは，"最初の数，その次の数，その次の数，$\cdots$" というように，"次の数が無限に続いていく" ようなもののことであり，"$1, 2, \cdots$" というのはそれを表す記号にすぎないわけである．ここで，"無限に続く" という言葉を用いたが，§1.6 にて言及した通り，我々は有限の概念しか用いることができないわけで，"限りなく続く" ということを実行することができない．我々が実行できないことを感覚的にできるものとして議論するところに数学的な曖昧さが残るわけである．

では，"次の数が無限に続いていく" というものを厳密に定義するにはどうするのかというと，それは自然数の公理系を与えることによってなされる．即ち，"次の数が無限に続いていく" という集合がもつであろう性質たちを公理とし，それらを満たすような集合を自然数というわけである．こうした公理系という考え方は位相を導入したときにも用いたが，現代数学の主流であり，実生活でも応用される手順である．例えば，プロのスポーツチームに入団するためには「100m 走を〜秒以内で走る，1500m を〜分以内で走る，腕立て伏せが〜回以上できる，$\cdots$」などの入団テストが必要であろう．これは，プロのスポーツ選手が満たすべき身体能力の条件を公理として列挙していき，そ

れらを満たす人々をプロ選手とするという，プロ選手の公理系ともいうべきシステムというわけである．

次に，公理系によって厳密に定義された自然数，整数，有理数には足し算や掛け算などの演算が定義され，代数が展開される．ただし，自然数，整数，有理数にはその代数構造に違いがある．それを方程式の解を考えることを通して見ていく．

まず，
$$x - 1 = 0$$
という方程式を考えると，解は $x = 1$ であり，この方程式は自然数の範囲内で解をもつ．しかし，
$$x + 1 = 0$$
という方程式に自然数解はないことから，この方程式は自然数の世界では考えることができない．一方，この方程式は $x = -1$ という整数解をもつことから，整数の世界ではその解を考えることができる．さらに，
$$2x = 1$$
という方程式を考えると，これは整数の世界ではその解を考えることができないが，有理数の世界では解を考えることができる．

このように，自然数の世界では，自然数 $a$ に対して
$$a + (-a) = 0$$
となる自然数 $(-a)$ が存在しないのであるが，整数や有理数では存在する．また自然数 (または整数) の世界では，自然数 (または 0 でない整数) $a$ に対して
$$ax = 1$$
となるような自然数 (または整数) $x$ が存在するとは限らないが，有理数の世界では必ず解が存在する．

このことから，代数を展開していく上で，代数構造の違いをクラス分けして考えていくことが重要視される．

本章ではまず代数構造のクラス分け (群・環・体) について述べ，その後に自然数，整数，有理数の定義を紹介する．

## 3.1 群・環・体の話

### 3.1.1 "常識"の定式化

注意 1.7.2 で言及した内容をもう一度復習する.

読者の方におかれては中学校時代に，$-$ と $-$ をかけたら $+$ になる，即ち，二つの実数 $a$, $b$ に対して $(-a)(-b) = ab$ となることを，証明抜きで習ったと思う.

この事実の証明をもう一度見てみよう．まず，$b$ の逆元 $(-b)$ が存在することから，
$$b + (-b) = 0$$
が成り立ち，これの両辺に左から $a$ の逆元 $(-a)$ をかけて
$$(-a)\{b + (-b)\} = (-a)0$$
を得る．次に，分配法則と $0$ の性質から，
$$(-a)b + (-a)(-b) = 0$$
となり，さらに，この式の両辺に左から $ab$ を加えると，
$$ab + \{(-a)b + (-a)(-b)\} = ab + 0$$
という式が従う．ここで，和の結合法則と $0$ の性質から，
$$\{ab + (-a)b\} + (-a)(-b) = ab$$
が成り立ち，分配法則を用いると，
$$\{a + (-a)\}b + (-a)(-b) = ab$$
を得る．逆元 $(-a)$ の性質から
$$0b + (-a)(-b) = ab$$
となり，$0$ の性質から
$$(-a)(-b) = ab$$

## 3.1. 群・環・体の話

が従う．

上に述べた議論は，我々が当たり前のこととして用いている "数に関する常識" のみを使って導かれるものであり，やや冗長さを感じるかもしれないが，非常に簡単な論理であろう．

しかし，ここで考えてもらいたいことは，− と − をかけたら ＋ になるという，我々が誰でも習う "常識" というものを，厳密に証明するためには様々な条件を用いているということである．よって，もし，上に用いた条件，例えば和の結合法則，例えば分配法則，などが成り立たないような世界や，0 や逆元が存在しないような世界では，− と − をかけても ＋ になるとは限らないということになる．

和の結合法則も分配法則も，我々にとっては暗幕のうちに用いてしまうほどの '常識' であろう．そこで，数学が展開される世界を，このような "我々の常識" によってクラス分けする，つまり，"和に関する常識が成り立つ世界"，"積に関する常識が成り立つ世界"，"和と積に関する常識が成り立つ世界"，そして "四則演算の常識が成り立つ世界" に分類し，それぞれの世界の構造を考えるということが，群・環・体のアイディアである．

次の部分節以降では群・環・体の定義を与えるが，その前にまず，"演算" を定義することにする．"四則演算" という言葉に見られるように，"演算" という言葉は我々にとって馴染みのある言葉であろう．しかし，その厳密な定義を考える機会は少なかったのではなかろうか．本部分節ではそうした "常識" を定式化することを旨とするものである．そこで，これまで見知った和，積などを例として，"演算" を考えていくことにする．

二つの実数 $a, b$ に対してこの二つの和を考えることによって $a + b$ という実数が与えられる．また，二つの実数 $a, b$ に対してその積を考えることにより $a \cdot b$ という実数が定義される[1]．いずれも，二つの実数に対して何か一つの実数が対応するという規則を，"＋" や "·" という記号で表していることが判る．つまり，和にしても積にしても，実数全体の集合 $\mathbb{R}$ の直積集合 $\mathbb{R} \times \mathbb{R}$

---

[1] $a$ と $b$ の積は $ab$ で表すところであるが，後の説明のために，ここでは $a \cdot b$ で表した．

から $\mathbb{R}$ への写像を与えていることになる：

$$\mathbb{R} \times \mathbb{R} \longrightarrow \mathbb{R} \qquad\qquad \mathbb{R} \times \mathbb{R} \longrightarrow \mathbb{R}$$
$$(a, b) \longmapsto a + b \qquad\qquad (a, b) \longmapsto a \cdot b$$

このことから，演算の厳密な定義は次のようにして与えられる：

**定義 3.1.1** (演算)**.**
集合 $A$ に対して，写像 $f : A \times A \longrightarrow A$ が与えられているとき，$A$ に**演算**が定義されているという．$f$ による $(a, b)$ の像を $a + b$，$a \cdot b$ などと書いたりするが，"$+$" の記号で表されるような演算のことを**加法**といい，"$\cdot$" で表されるような演算のことを**乗法**という．また，$a + b$ を $a$ と $b$ の**和**といい，$a \cdot b$ のことを $a$ と $b$ の**積**という．

ここで注意したいことは，定義 3.1.1 内の "$+$" や "$\cdot$" は単なる記号であり，従来の和や積のような意味は一切ないということである．よって，"$+$" や "$\cdot$" の代わりに "$\circ$" や "$\triangle$" のような記号を用いてもよいのであるが "和" や "積" という言葉を使う以上は，従来の慣習から逸脱するのは避けるべきであろうとのことから，"$+$" や "$\cdot$" という記号を用いた．

**例 3.1.1.**
自然数全体の集合 $\mathbb{N}$ において，任意の自然数 $a, b$ に対して

$$a \underbrace{+}_{\text{単なる記号}} b := a \underbrace{+}_{\text{従来の和}} b \underbrace{+}_{\text{従来の和}} 1$$

によって "$+$" を定義すると，これは $\mathbb{N}$ に加法を与える．実際，どんな $\mathbb{N}$ の元 $a, b$ に対しても，左辺の $a + b$ は $\mathbb{N}$ の元となる．

**例 3.1.2.**
整数全体の集合 $\mathbb{Z}$ において，任意の整数 $a, b$ に対して

$$a \underbrace{\cdot}_{\text{単なる記号}} b := a \underbrace{\cdot}_{\text{従来の積}} b \underbrace{+}_{\text{従来の和}} 1$$

によって "$\cdot$" を与えると，これは $\mathbb{Z}$ に乗法を定義する．事実，どんな $\mathbb{Z}$ の元 $a, b$ に対しても，左辺の $a \cdot b$ は $\mathbb{Z}$ の元となる．

前二つの例は，左辺と右辺とに同じ "+" や "·" という記号を用いているので混乱を与えるかもしれないが，左辺は演算，即ち，単なる記号の意味であり，その記号を右辺によって定義する，という手順である．このように，最初は単なる記号として導入した "+" や "·" に，後から意味を付けていくわけである．

### 3.1.2 群・環・体の定義

まず，"足し算の常識が成り立つ世界" である加群を定義する．

**定義 3.1.2** (加群)**.**
 加法の定義された集合 $A$ が次の四つの条件を満たすとき，$A$ のことを**加群**という：
(和の結合法則)
 $(a+b)+c = a+(b+c)$.
(零元の存在)
 $A$ の元 $0$ で，どんな $A$ の元 $x$ に対しても $x+0 = 0+x = x$ となるようなものが存在する．
(逆元の存在)
 どんな $A$ の元 $a$ に対しても，$a+(-a) = (-a)+a = 0$ となるような $A$ の元 $(-a)$ が存在する．
(和の交換法則)
 $a+b = b+a$.

 $a+(-b)$ のことを $a$ と $b$ の**差**といい，$a-b$ で表す．加群においてはどんな元 $a$ にもその逆元 $(-a)$ が存在することから，二つの元の差を常に考えることができる．

 加群の元 $a$ を $n$ 個加えたものを $na$ と書き，$(-a)$ を $n$ 個加えたものを $(-n)a$ と書く：

$$na = \overbrace{a+a+\cdots+a}^{n\,\text{個}}, \qquad (-n)a = \overbrace{(-a)+(-a)+\cdots+(-a)}^{n\,\text{個}}.$$

また，

$$\underbrace{0}_{\text{整数としての}\,0}\, a = \underbrace{0}_{\text{加群の零元}}$$

と定める．

このようにして，整数 $m$ と加群の元 $a$ に対して $ma$ が定義される．これについて以下を得るが，その証明は読者に任せる．

**命題 3.1.1.**
加群 $A$ を考える．今，整数 $m$, $n$ と $A$ の元 $a$, $b$ に対して以下が成り立つ．
(1) $(-m)a = m(-a) = -(ma)$, 特に，$(-1)a = -a$.
(2) $(m+n)a = ma + na$.
(3) $m(na) = (mn)a$.
(4) $m(a+b) = ma + mb$.


次に，"掛け算の常識が成り立つ世界" ともいえる群を定義する．

前部分節にて言及した通り，足し算と掛け算というものは記号の違いでしかない．よって，上述の加群の定義における "+" というのは単なる記号にすぎず，本質的な意味はない．これを一般の演算に対して考えよう．第一段階として，結合法則のみを満たす集合を定義する．

**定義 3.1.3** (半群).
一つの演算，例えば乗法が定義された集合 $A$ において，
(結合法則)
$$(a \cdot b) \cdot c = a \cdot (b \cdot c)$$
が成り立つとき，$A$ のことを **半群** という．

さらに，半群が
(交換法則)
$$a \cdot b = b \cdot a$$
を満たすとき，**可換半群** という．

半群 $A$ の $n$ 個の元 $a_1, a_2, \cdots, a_n$ をこの並べ方で最初から順々に演算を行って得られる $A$ の元

$$((\cdots((a_1 \cdot a_2) \cdot a_3) \cdots)a_{n-1})a_n$$

のことを $a_1 a_2 \cdots a_n$ で表す．

## 3.1. 群・環・体の話

**注意 3.1.1.**

一般に，$a_1, a_2, \cdots, a_n$ をこの並べ方で最初から順々に演算を行って得られる $A$ の元は一通りではない．例えば，$n = 3$ のとき，$a_1, a_2, a_3$ をこの並べ方で順々に演算を行ってできる $A$ の元は，$(a_1 \cdot a_2) \cdot a_3$ と $a_1 \cdot (a_2 \cdot a_3)$ とがあり，これらは等しいとは限らない．しかし，半群であれば，これらは等しいことが保証されるのである．

また，可換半群に対しては $n$ 個の元 $a_1, a_2, \cdots, a_n$ に対して，どのような並べ方で演算を行っても得られる元は全て等しい．

第二段階として，半群の中で単位元が存在するような集合を与える．

**定義 3.1.4** (モノイド)**.**

半群 $A$ が以下を満たすとき，$A$ のことを**モノイド**という：
(単位元の存在)

$A$ の元 $1$ で，どんな $A$ の元 $a$ に対しても $a \cdot 1 = 1 \cdot a = a$ となるようなものが存在する．

モノイド $A$ においては，その元 $a$ に対して $a$ の $n$ 乗といわれる $A$ の元が以下のように定義される：

$$a^n = \overbrace{a \cdot a \cdots \cdots a}^{n \text{ 個}}, \quad a^0 = 1.$$

**命題 3.1.2.**

モノイド $A$ において，$0$ 以上の整数 $m, n$ に対して以下の指数法則が成り立つ：
(1) $a^m a^n = a^{m+n}$. (2) $(a^m)^n = a^{mn}$.

そして，モノイドの上にさらに逆元が存在する世界が群となる．

**定義 3.1.5** (群)**.**

一つの演算，例えば乗法の定義された集合 $A$ が次の三つの条件を満たすとき，$A$ のことを**群**という：
(積の結合法則)

$(a \cdot b) \cdot c = a \cdot (b \cdot c)$.

(単位元の存在)

$A$ の元 $1$ で，どんな $A$ の元 $a$ に対しても $a \cdot 1 = 1 \cdot a = a$ となるようなものが存在する．

(逆元の存在)

どんな $A$ の元 $a$ に対しても，$a \cdot a^{-1} = a^{-1} \cdot a = 1$ となるような $A$ の元 $a^{-1}$ が存在する．

さらに，

(積の交換法則)

$a \cdot b = b \cdot a$

が成り立つような群のことを**可換群**または**アーベル群**という．

### 注意 3.1.2.

本講では群の定義を乗法を第一の例として紹介したが，これは他の演算でも構わない．例えば，アーベル群の定義において，乗法"·"の記号を加法"+"に変えたものが加群に対応する．この場合，積の単位元 $1$ という記号を和の零元 $0$ に，積の逆元 $a^{-1}$ という記号を和の逆元 $(-a)$ とした方が妥当であろう．

群のことを"掛け算の常識が成り立つ世界"と前述したが，群は一般の演算に対して定義されるので，"掛け算の常識が成り立つ世界"というように"掛け算"に制限した表現は不適切ではあるのだが，乗法に関する群を取り扱うことが多いことから，"掛け算の常識が成り立つ世界"という表現を用いた．


次に，"足し算と掛け算の常識が成り立つ世界"に対応する環を定義する．群は加法や乗法など，何か一つの演算に対して定義された．これに対して，今回は"掛け算と足し算"という二つの演算が定義される集合における議論である．

### 定義 3.1.6 (環).

加法と乗法という二つの演算が定義された集合 $A$ が以下の三つの条件を満たすとき，$A$ のことを**環**という．

(1) $A$ は加法に関して加群になる．

(2) (乗法の結合法則) $(a \cdot b) \cdot c = a \cdot (b \cdot c)$．

(3) (分配法則) $a \cdot (b + c) = a \cdot b + a \cdot c$, $(a + b) \cdot c = a \cdot c + b \cdot c$．

また，以下を満たすような環のことを**単位元をもつ環**という．

(4) (単位元の存在) 加群としての $A$ の零元 $0$ と異なる $A$ の元 $1$ で，どんな $A$

の元 $a$ に対しても $a \cdot 1 = 1 \cdot a = a$ となるようなものが存在する．

さらに，
(5) (乗法の交換法則) $a \cdot b = b \cdot a$
を満たすような環のことを**可換環**という．

以後，我々は単位元をもつ環のみを考えることにする．

注意 1.7.1 にて言及した通り，実数においては $a \cdot 0 = 0$ が成り立つ．その証明には分配法則などを要するため，これらが成り立たないような世界では $a \cdot 0 = 0$ が成り立つかどうかが判らない．しかし，環の世界ではこの式が成り立っている．そのことを命題として述べておこう．

**命題 3.1.3.**
環 $A$ の零元を $0$ とすると，どんな $A$ の元 $a$ に対しても $a \cdot 0 = 0 \cdot a = 0$ が成り立つ．

*Proof.*
零元の性質から，$0 + 0 = 0$ であり，この両辺に左から $a$ をかけると，
$$a \cdot (0 + 0) = a \cdot 0$$
となる．このとき，分配法則から，
$$a \cdot 0 + a \cdot 0 = a \cdot 0$$
を得る．さらに，両辺に左から $-(a \cdot 0)$ を加えると，
$$-(a \cdot 0) + \{a \cdot 0 + a \cdot 0\} = -(a \cdot 0) + a \cdot 0$$
が従う．和の結合法則と和の逆元の性質から，
$$\{-(a \cdot 0) + a \cdot 0\} + a \cdot 0 = 0$$
であり，和の逆元の性質により，
$$0 + a \cdot 0 = 0$$
となる．よって，零元の性質から，$a \cdot 0 = 0$ を得る．
同様に，$0 \cdot a = 0$ も証明される． □

さらに，環の世界では§3.1.1にて言及した $(-a)(-b) = ab$ という性質が成り立っている．その証明は重複するので述べないが，読者におかれては演習の意味を込めて試みられたい．

最後に，"四則演算の常識が成り立つ世界"ともいえる体を定義しよう．
ここまでで我々は足し算，引き算，掛け算の三つの演算を定義してきた．四則演算を考える上で残された演算は割り算である．これは二つの元 $x$, $y$ に対して $y$ の逆元 $y^{-1}$ を用いて $x \cdot y^{-1}$ によって定義される．つまり，$x$, $y$ による $x \cdot y^{-1}$ という演算のことを $x \div y$ で表し，$x$ を $y$ で**割る**といい，このような演算のことを**除法**または**割り算**という．

ここで，"割り算を考えるときは 0 で割ってはいけない"という，誰しもが習う定跡を復習する．これを現在のシチュエーションで考えると，0 という元の意味は加群の零元の意味であり，割り算，即ち，逆元の掛け算を考える以上，加法と乗法が共に定義された環が舞台になる．零元で割ってはいけない理由は，仮に 0 が逆元 $0^{-1}$ をもったとしよう．このとき，逆元の定義から

$$0 \cdot 0^{-1} = 1$$

とならなければならないが，命題 3.1.3 により 0 に何をかけても 0 になるので

$$0 = 0 \cdot 0^{-1} = 1$$

が従い，$0 = 1$ を得る．しかし，我々は単位元をもつ環のみを考えており，単位元 1 は零元 0 以外の元としていたことに反するわけである．このことから，割り算を考える上では，いわゆる"割る数"というものは 0 以外の元に対して定義されるのである．

このような議論により，割り算を考えるときは，0 以外の元が逆元をもつことが望ましい．そこで，以下のような集合が有力視される．

**定義 3.1.7** (斜体，体)．
環 $A$ において，和の零元 0 以外の元が全て積の逆元をもつとき，$A$ のことを**斜体**という．さらに，斜体 $A$ が積の交換法則を満たすとき，$A$ のことを**体**または**可換体**という．

## 3.2 数の話

　本節では誰しもが数学の授業で習う，自然数，整数，有理数の厳密な定義を述べる．手順としては，まず自然数を公理系として与え，そこに加法と乗法，そして大小関係を入れる．次に，そのように定義された自然数だけを用いて整数を定義し，そこに加法，減法，乗法，そして大小関係を入れる．最後に，整数だけを用いて有理数を定義し，そこに四則演算や大小関係を入れる．注意したいことは，これらはいずれも系統的に与えられるものであり，前に定義したことのみを用いて次のことを定義していくということである．よって，自然数のみを定義した段階で，"整数とは，自然数に，自然数でない数 $0, -1, -2, \cdots$ を付け加えた数である"というような支離滅裂なことはせず，前に与えた自然数の概念のみを用いて定義するわけである．

### 3.2.1 自然数

　自然数の定義はいくつか知られているが，その中でも代表的なペアノの公理を紹介する．前述の通り，自然数全体の集合とは，1 という最初の元があり，その次の元である 2，さらにその次の元 3, $\cdots$ というように，次の元たちが限りなく続いていき，それらで尽くされている集合である．そうしたものを公理で与えると次のようになる：

**定義 3.2.1** (自然数).
　次のような集合 $\mathbb{N}$ を考える．
(1) $\mathbb{N}$ の元 1 が存在する[2]．
(2) $\mathbb{N}$ から $\mathbb{N}$ への写像 $S$ が存在する．
(3) どんな $n \in \mathbb{N}$ に対しても $S(n) \neq 1$ となる．
(4) 集合 $M$ が "$1 \in M$ であり，$n \in M$ ならば常に $S(n) \in M$"を満たす
　　ならば $\mathbb{N} \subset M$ が従う．
(5) $S(m) = S(n)$ となるような $m, n \in \mathbb{N}$ は $m = n$ となる．
　このとき，$\mathbb{N}$ の元を**自然数**という．また，$S$ のことを**後継関数**という．

---
[2] 自然数に 0 を含める流儀もある．学校教育では自然数には 0 を含めないのが一般的だが「何もない状態を表す 0 を入れる方が自然である」という発想も理にかなっている．受験問題に "自然数"という言葉を使わずに "正の整数"という表現を用いることがあるが，おそらく自然数に 0 を含める流儀があることに起因するのであろう．

(1) で与えられている 1 は $\mathbb{N}$ の元であれば何でもよく，これから $\mathbb{N}$ について議論していく上で基準となる．このように，数学では考えたい集合の任意の点を基準点として指定するということがしばしばある．1 という記号も単なる記号にすぎず，1 の代わりに $a$ や $e$ を用いてもよいわけであるが，後に $\mathbb{N}$ に順序を定義したとき，この 1 が "自然数の最初の数" を意味するということで，慣習に従い 1 という記号を用いた．

また，$S(n)$ とはいわゆる "$n$ の次の数" である $n+1$ を表すものであり，それが "後継関数" という言葉の由来になっている．よって，$S(1)$ とは従来でいうところの 2 に該当し，$S(S(1))$ は従来の 3 に対応するわけである．まだ順序を定義していない今の段階で "次の数" というのは不適切なのであるが，後に $n$ の次が $S(n)$ になるような順序を $\mathbb{N}$ に与える．

(4) は少し判りにくいところもあると思うので，その意味するところを説明しよう．その前に数学的帰納法について復習をしておく．読者の中には数学的帰納法という証明法をご存じの方がおられるだろう．例えば，"自然数 $n$ に対して $4^n - 1$ は 3 の倍数になる" というような，自然数 $n$ に対する命題 $P(n)$ (今の例だと，$P(n)$ は $4^n - 1$ が 3 の倍数になるという命題になる) を証明するのに，次の (i), (ii) を示せばよいというものである：(i) $n = 1$ のときに成り立つことを示す，(ii) $k$ を任意の自然数として，$n = k$ のときに成り立つことを仮定して $n = k+1$ のときを示す．これらが示されれば，まず (i) から $n = 1$ のときは成り立っているので，(ii) によりその次の $n = 2 (= 1+1)$ のときも成り立つ．また，$n = 2$ のときに成り立っているので，(ii) から $n = 3 (= 2+1)$ のときも成り立つ．以下，(ii) を用いれば順々に次の数でも成り立つ，その次の数でも成り立つ，$\cdots$ というように，ドミノ倒し的に成り立つことが導けるというものである．

$$P(1) \longrightarrow P(2) \longrightarrow P(3) \longrightarrow P(4) \longrightarrow \cdots\cdots$$

自然数は無限個あるので，$P(1), P(2), P(3), \cdots$ という命題は無限個ある．よって，その一つ一つを全て証明することは不可能であるが，この数学的帰納法の発想により無限個の命題も証明できるとするのである．

前述の通り，自然数は "1 という最初の元以下，その次の数たちで尽くされた無限集合" であることから，「(i) と (ii) が満たされれば自然数全体でその性

## 3.2. 数の話

質が成り立つ」という帰納法の原理が成立するような集合として定義されなければならない．それを保証するのが定義 3.2.1 (4) である．実際，(4) は以下と同値である．

**完全帰納法の原理．**

自然数のある性質 $P$ が 1 に対して成り立ち，また，性質 $P$ をもつ全ての自然数 $n$ に対してその次の自然数 $S(n)$ も性質 $P$ をもつならば，この性質は全ての自然数に対して成り立つ．

*Proof.*

実際，定義 3.2.1 (4) が成り立つとすると，$M$ として性質 $P$ を満たす自然数全体の集合とすれば，まずは $M \subset \mathbb{N}$ である．次に，完全帰納法の原理の仮定から，$1 \in M$ であり，$n \in M$ ならば常に $S(n) \in M$ が成り立っているので，$\mathbb{N} \subset M$ が成り立つ．よって，$M = \mathbb{N}$ となるので，性質 $P$ は自然数全てに成り立つことが示され，完全帰納法の原理を得る．一方，完全帰納法の原理が成り立つとすると，集合 $M$ に対して "$1 \in M$ であり，$n \in M$ ならば常に $S(n) \in M$ が成り立つ" という性質を性質 $P$ とすれば，この性質は全ての自然数で成り立っていることから，$\mathbb{N} \subset M$ となる．これにより (4) が従う． □

定義 3.2.1 を見ただけではこれの意図する集合が $\{1, S(1), S(S(1)), \cdots\}$[3] を意味することが見えてこないと思う．そこで，$\mathbb{N} = \{1, S(1), S(S(1)), \cdots\}$ となることを見る．実際，(4) における $M$ として $\{1, S(1), S(S(1)), \cdots\}$ がとれるので $\mathbb{N} \subset \{1, S(1), S(S(1)), \cdots\}$ となるが，元々 $\{1, S(1), S(S(1)), \cdots\} \subset \mathbb{N}$ であるゆえ $\mathbb{N} = \{1, S(1), S(S(1)), \cdots\}$ を得るのである．また，(2) と (5) により，$S$ は $\mathbb{N}$ から $\mathbb{N}$ への単射になる．このことと (3) を合わせれば $\{1, S(1), S(S(1)), \cdots\}$ は相異なる元によって構成される．

ただし，$\{1, S(1), S(S(1)), \cdots\}$ という集合は "$\cdots$" という記号を用いているので，"限りなく続く集合" という感覚的定義による集合であることから，今の議論に厳密性はない．しかし，ここでは $\mathbb{N}$ のイメージを把握するために，あえて感覚的な議論を行ったことをご理解頂きたい．

このように，基準となる元 1 と，互いに相異なる元 $S(1)$, $S(S(1))$, $\cdots$ で尽くされる無限集合 $\mathbb{N}$ というものが，(1) から (5) までの公理を満たす集合

---
[3] 学校教育でいうところの $\{1, 2, 3, \cdots\}$ のことである．

として厳密に定義されるのである．後は，このようにして定義された N に演算と順序を与えていく．

では，自然数の加法と乗法を導入しよう．その手順は，まず $n=1$ のときを定義し，次に $n=k$ のときに定義されたとして $n=S(k)$ のときを定義するというものである．以上が得られれば，完全帰納法の原理により N 全体で定義されたことになるわけである．

**定義 3.2.2** (自然数の加法)．
　任意の自然数 $m$, $n$ に対して，$m+n$ を次のように定める．
　まず，$n=1$ のとき，
$$m+1 := S(m)$$
と定義する．次に，$n=k$ のときに $m+n$，即ち，$m+k$ が定義されたとして，$n=S(k)$ のとき，
$$m+S(k) := S(m+k)$$
と定義する．

**定義 3.2.3** (自然数の乗法)．
　任意の自然数 $m$, $n$ に対して，$m \cdot n$ を以下のように定義する．
　まず，$n=1$ のとき，
$$m \cdot 1 := m$$
と定める．次に，$n=k$ のときに $m \cdot n$，即ち，$m \cdot k$ が定義されたとして，$n=S(k)$ のとき，
$$m \cdot S(k) := m \cdot k + m$$
と定義する．

　このように定義された加法と乗法に対して，次のような基本的な性質が満たされる．

**命題 3.2.1.**
　任意の自然数 $m$, $n$, $k$ に対して，以下が成り立つ．
(和の結合法則)
　$(m+n)+k = m+(n+k)$.

(和の交換法則)
  $m+n = n+m.$
(乗法の単位元の存在)
  $m \cdot 1 = 1 \cdot m = m.$
(乗法の結合法則)
  $(m \cdot n) \cdot k = m \cdot (n \cdot k).$
(分配法則)
  $m \cdot (n+k) = m \cdot n + m \cdot k, \quad (m+n) \cdot k = m \cdot k + n \cdot k.$
(乗法の交換法則)
  $m \cdot n = n \cdot m.$

この命題により，自然数全体の集合 $\mathbb{N}$ は加法に関して可換半群になり，乗法に関して可換なモノイドになることが判る．

さらに，$\mathbb{N}$ に順序 (大小関係) を定義する．

**定義 3.2.4** (自然数の順序)**.**
自然数 $m$, $n$ に対して，$n+k=m$ となるような自然数 $k$ が存在するとき，$m$ は $n$ よりも**大きい**といい，$m>n$ または $n<m$ で表す．さらに，$m=n$ となるかまたは $m>n$ となるとき，$m$ は $n$ **以上**であるといい，$m \geq n$ または $n \leq m$ で表す．

**命題 3.2.2.**
自然数全体の集合 $\mathbb{N}$ において，二項関係 $\leq$ は順序を定義する．さらに，$\mathbb{N}$ はこの順序に関して全順序集合になる．

本部分節では "最初の数" に始まり "次の数" が "限りなく" 続いていく自然数というものを公理によって与え，それに演算と順序を定義するという手順を見た．これが学校で習う "1, 2, 3, $\cdots$" の厳密な議論である．以下では従来の慣習に従い，自然数を "1, 2, 3, $\cdots$" で表すことにする．

## 3.2.2 整数

整数は "どんな自然数 $m$, $n$ をとったとしても $x + n = m$ という方程式が解 $x$ をもつ" という性質を満たすものである．この $x$ は学校教育でいうところの $m - n$ のことであり，全ての整数はこの型で表される．これは二つの自然数 $m$, $n$ に "−" という記号を用いた演算と考えることができる．このことと演算の定義から，整数とは二つの自然数の組 $(m, n)$ を考えることによって得られるわけである．ただし，例えば，$3 - 1 = 4 - 2$ という事実に見られるように，一つの $m - n$ の値を構成する $m$ と $n$ には色々な組み合わせがあるので，$(3, 1)$ や $(4, 2)$ などを "同じ" と見なさねばならない．ここで，"同じ" という概念は §1.4 にて導入した同値関係によって記述されたことを注意する．しかし，"−" という演算はまだ定義されておらず，今の段階で用いてよいのは自然数とその加法・乗法である．そこで，$3 - 1 = 4 - 2$ という式を加法で書き直すと $3 + 2 = 4 + 1$ という式になる．

以上のことから，整数とは以下のような定義になる：

**定義 3.2.5** (整数).
自然数全体の集合 $\mathbb{N}$ の直積集合 $\mathbb{N} \times \mathbb{N}$ に，次のような二項関係 $\rho$ を導入する：
$$(m_1, n_1)\, \rho\, (m_2, n_2) \iff m_1 + n_2 = m_2 + n_1.$$
この $\rho$ は $\mathbb{N} \times \mathbb{N}$ 上の同値関係になる．このとき，集合 $\mathbb{Z}$ を
$$\mathbb{Z} = (\mathbb{N} \times \mathbb{N})/\rho$$
と定義し，$\mathbb{Z}$ の元のことを**整数**という．

つまり，$\mathbb{Z}$ とは $\mathbb{N} \times \mathbb{N}$ という世界の中で $m_1 + n_2 = m_2 + n_1$ となるような元たちは "同じもの" と見なした集合ということである[4]．

次に，整数の加法と乗法を定義しよう．

**定義 3.2.6** (整数の加法).
任意の二つの整数 $C((m_1, n_1))$, $C((m_2, n_2))$ に対して
$$C((m_1, n_1)) + C((m_2, n_2)) := C((m_1 + m_2, n_1 + n_2))$$

---

[4] 以下で取り扱っていく $C((m, n))$ という同値類は，学校で習う "$m - n$" のことだと思って読み進めると馴染みがわくだろう．

## 3.2. 数の話

によって加法を定義する．

この加法に関して，$C((k, k))$ という型の $\mathbb{Z}$ の元が零元となる．実際，$\mathbb{Z}$ の元 $C((m, n))$ を任意にとると，まず，

$$C((m, n)) + C((k, k)) = C((m+k, n+k))$$

である．ここで，$(m+k)+n = m+(n+k)$ であることから，$C((m+k, n+k)) = C((m, n))$ となる．よって，

$$C((m, n)) + C((k, k)) = C((m, n))$$

を得る．同様に，$C((k, k)) + C((m, n)) = C((m, n))$ も成り立つことから，$C((k, k))$ が $\mathbb{Z}$ の零元になることが示された．

また，$\mathbb{Z}$ の元 $C((m, n))$ に対して $C((n, m))$ がその逆元になる．事実，

$$C((m, n)) + C((n, m)) = C((m + n, n + m)) = C((m + n, m + n))$$

となり，同様に，$C((n, m)) + C((m, n)) = C((m + n, m + n))$ も成り立つ．$C((m + n, m + n))$ は零元になることから，$C((n, m))$ が $C((m, n))$ の逆元になることが判る．

次に，整数の乗法を定義するが，用いてよいのは自然数の演算と整数の加法だけであることを注意しておく[5]．

**定義 3.2.7** (整数の乗法)．
任意の二つの整数 $C((m_1, n_1))$，$C((m_2, n_2))$ に対して

$$C((m_1, n_1)) \cdot C((m_2, n_2)) := C((m_1 \cdot m_2 + n_1 \cdot n_2, m_1 \cdot n_2 + m_2 \cdot n_1))$$

によって乗法を定義する．

この乗法に関しては $C((k+1, k))$ が単位元になる．実際，整数 $C((m, n))$ を任意にとると，まず，

$$C((k+1, k)) \cdot C((m, n)) = C(((k+1) \cdot m + k \cdot n, (k+1) \cdot n + m \cdot k))$$

---
[5] 学校で習う $(m_1 - n_1) \cdot (m_2 - n_2) = (m_1 \cdot m_2 + n_1 \cdot n_2) - (m_1 \cdot n_2 + m_2 \cdot n_1)$ をイメージしながら読み進めると馴染みやすいであろう．

となる．ただし，$((k+1) \cdot m + k \cdot n) + n = m + ((k+1) \cdot n + m \cdot k)$ であることから，$C(((k+1) \cdot m + k \cdot n, (k+1) \cdot n + m \cdot k)) = C((m, n))$ となる．よって，
$$C((k+1, k)) \cdot C((m, n)) = C((m, n))$$
を得る．同様に，$C((m, n)) \cdot C((k+1, k)) = C((m, n))$ も成り立つことにより，$C((k+1, k))$ が単位元になることが証明された．

次の命題は整数の基本的な性質であるので，議論に慣れて頂くため読者に演習として提出する．

**命題 3.2.3.**
整数全体の集合 $\mathbb{Z}$ は上に定義した加法と乗法に関して可換環となる．このことから，$\mathbb{Z}$ のことを**有理整数環**という．

さらに，有理整数環 $\mathbb{Z}$ に順序を定義する．

**定義 3.2.8** (整数の順序)**.**
整数 $C((m_1, n_1))$, $C((m_2, n_2))$ に対して，
$$C((m_1, n_1)) - C((m_2, n_2)) \in \mathbb{N}$$
となるとき，$C((m_1, n_1))$ は $C((m_2, n_2))$ よりも**大きい**といい，$C((m_1, n_1)) > C((m_2, n_2))$ または $C((m_2, n_2)) < C((m_1, n_1))$ で表す．
さらに，
$$C((m_1, n_1)) = C((m_2, n_2)) \text{ または } C((m_1, n_1)) > C((m_2, n_2))$$
となるとき，$C((m_1, n_1))$ は $C((m_2, n_2))$ **以上**であるといい，$C((m_1, n_1)) \geq C((m_2, n_2))$ または $C((m_2, n_2)) \leq C((m_1, n_1))$ で表す．

**命題 3.2.4.**
有理整数環 $\mathbb{Z}$ において，二項関係 $\leq$ は順序を定義する．さらに，$\mathbb{Z}$ はこの順序に関して全順序集合になる．

## 3.2. 数の話

自然数全体の集合 $\mathbb{N}$ と整数全体の集合 $\mathbb{Z}$ には $\mathbb{N} \subsetneq \mathbb{Z}$ という包含関係があった. では, 上のように定義された $\mathbb{Z}$ に $\mathbb{N}$ がどのように含まれているかを見ておく.

今, 次のような $\mathbb{N}$ から $\mathbb{Z}$ への写像を考える:

$$\mathbb{N} \longrightarrow \mathbb{Z}$$
$$m \longmapsto C((m+k,\ k))$$

この写像が単射になることを示すのは容易であるので確認されたい.

このような自然数と整数の関係があることから, 整数 $C((m+k,\ k))$ のことを $m$ という記号で表すのが自然である. このとき, 単位元 $C((k+1,\ k))$ は上述における $m=1$ の場合なので自然数 1 で表される. また, 整数 $C((m,\ n))$ に対して, $m+(n+2k) = (m+2k)+n$ であることと, $C((m+k,\ k))+C((k,\ n+k)) = C((m+2k,\ n+2k))$ となることにより

$$C((m,\ n)) = C((m+2k,\ n+2k)) = C((m+k,\ k)) + C((k,\ n+k))$$

が従う. ここで, $C((m+k,\ k))$ は自然数 $m$ で表され, $C((n+k,\ k))$ は自然数 $n$ と書け, $C((k,\ n+k))$ はその逆元ゆえに $-n$ で記される. これらのことから, 整数 $C((m,\ n))$ は $m-n$ で表される. この記法が本部分節の最初にある $m-n$ を用いた説明の根拠である. この記法に従うと, 零元 $C((k,\ k))$ は $k-k$ となり, これを 0 という記号を用いて表すのに相応しい型が導かれる.

以上により, 上で定義した整数を, 学校で習う記法で表す正当付けができたので, 従来の慣習に従い, 整数を "$\cdots,\ -2,\ -1,\ 0,\ 1,\ 2,\ \cdots$" という記号で表すことにする.

### 3.2.3 有理数

最後に有理数を定義しよう. 整数と有理数の違いは, 整数係数の一次方程式 $mx+n=0$ ($m, n$ は整数) の解を考えたとき, 整数の範囲ではこの解を求めることができない場合があり, 有理数の範囲では必ず解が存在するということにある. 実際,

$$2 \cdot x - 4 = 0$$

という方程式は 2 という整数の解をもつが，
$$2 \cdot x - 1 = 0$$
という方程式には整数の解が存在しない．一方，有理数の範囲で考えると，1/2 という解が存在するわけである．

ではこのような "整数ではない数" なる有理数というものを，整数までの概念のみで定義するにはどうしたらよいか？ここで，学校で習う有理数を思い出してみると，有理数とは整数の組 $(m, n)$ によって $\frac{m}{n}$ の型で表されるものであった．即ち，有理数は有理整数環 $\mathbb{Z}$ の直積集合 $\mathbb{Z} \times \mathbb{Z}$ の元と思えるわけである．ただし，例えば，二つの有理数 $\frac{1}{2}$ と $\frac{2}{4}$ とは同じものと見なさねばならないことから，$(1, 2)$ と $(2, 4)$ という整数の組は同じものと見なさねばならない．そこで，二つの有理数 $\frac{m_1}{n_1}$，$\frac{m_2}{n_2}$ が同じ有理数を定義するための条件を整数の範囲で考えてみる，即ち，分数の型を使わないで表現すると，
$$\frac{m_1}{n_1} = \frac{m_2}{n_2} \iff m_1 \cdot n_2 = m_2 \cdot n_1$$
となる．また，分母に位置する整数は 0 以外でなければならない．このことを加味すると，次の有理数の定義は自然なものであろう[6]．

**定義 3.2.9** (有理数).

有理整数環 $\mathbb{Z}$ と，$\mathbb{Z}$ からその零元 0 を抜いた集合 $\mathbb{Z} - \{0\}$ との直積集合 $\mathbb{Z} \times (\mathbb{Z} - \{0\})$ を考える．今，$\mathbb{Z} \times (\mathbb{Z} - \{0\})$ 上に以下の二項関係 $\rho$ を与える：
$$(m_1, n_1) \, \rho \, (m_2, n_2) \iff m_1 \cdot n_2 = m_2 \cdot n_1.$$
このとき，この $\rho$ は同値関係となる．商集合 $(\mathbb{Z} \times (\mathbb{Z} - \{0\}))/\rho$ を $\mathbb{Q}$ で表し，$\mathbb{Q}$ の元のことを**有理数**という．

ここで，有理数の演算を定義する．まずは加法を与える．

**定義 3.2.10** (有理数の加法).

二つの有理数 $C((m_1, n_1))$，$C((m_2, n_2))$ に対して，
$$C((m_1, n_1)) + C((m_2, n_2)) := C((m_1 \cdot n_2 + m_2 \cdot n_1, n_1 \cdot n_2))$$
によって加法を定義する．

---

[6]以下で取り扱う有理数 $C((m, n))$ は，通常の分数 $\frac{m}{n}$ だと思って読み進めると馴染めるだろう．

## 3.2. 数の話

この加法に関して零元は $C((0, k))$ になる．実際，任意の有理数 $C((m, n))$ に対して，

$$C((0, k)) + C((m, n)) = C((0 \cdot n + m \cdot k, k \cdot n)) = C((m \cdot k, k \cdot n))$$

となるが，$(m \cdot k) \cdot n = m \cdot (k \cdot n)$ ゆえ

$$C((m \cdot k, k \cdot n)) = C((m, n))$$

を得る[7]．よって，

$$C((0, k)) + C((m, n)) = C((m, n))$$

が従う．$C((m, n)) + C((0, k)) = C((m, n))$ が成り立つことも同様に示されることから，$C((0, k))$ が $\mathbb{Q}$ の零元になる．

また，任意の有理数 $C((m, n))$ に対する逆元は $C((-m, n))$ となる．事実，

$$C((-m, n)) + C((m, n)) = C(((-m) \cdot n + m \cdot n, n \cdot n)) = C((0, n \cdot n))$$

となる．$C((m, n)) + C((-m, n)) = C((0, n \cdot n))$ となることも同様に示され，$C((0, n \cdot n))$ は零元であるので，$C((-m, n))$ が $C((m, n))$ の逆元であることが証明された．

これらのことを踏まえると，次の命題が簡単に示せるので読者への演習としたい．

**命題 3.2.5.**
有理数全体の集合 $\mathbb{Q}$ は上の加法に関して加群になる．

次に，乗法を与える．

**定義 3.2.11** (有理数の乗法)．
二つの有理数 $C((m_1, n_1))$, $C((m_2, n_2))$ に対して，

$$C((m_1, n_1)) \cdot C((m_2, n_2)) := C((m_1 \cdot m_2, n_1 \cdot n_2))$$

によって乗法を定義する．

---
[7] この式が分数の約分 $\frac{k \cdot m}{k \cdot n} = \frac{m}{n}$ に対応する．

この乗法に関して $C((k,k))$ が単位元になる．実際，任意の有理数 $C((m,n))$ に対して，
$$C((k,k)) \cdot C((m,n)) = C((k \cdot m, k \cdot n))$$
となるが，$(k \cdot m) \cdot n = m \cdot (k \cdot n)$ となることから，
$$C((k \cdot m, k \cdot n)) = C((m,n))$$
を得る．よって，
$$C((k,k)) \cdot C((m,n)) = C((m,n))$$
が従う．同様に $C((m,n)) \cdot C((k,k)) = C((m,n))$ も成り立つので $C((k,k))$ が単位元になることが証明された．

また，任意の有理数 $C((m,n))$ に対して，$C((n,m))$ が逆元になる．事実，
$$C((m,n)) \cdot C((n,m)) = C((m \cdot n, n \cdot m)) = C((m \cdot n, m \cdot n))$$
となる．同様に，$C((n,m)) \cdot C((m,n)) = C((m \cdot n, m \cdot n))$ も成り立ち，$C((m \cdot n, m \cdot n))$ は単位元となることから，$C((n,m))$ が $C((m,n))$ の逆元になることが示された．

以上の演算の下で，次の重要な命題が成り立つが，その証明は読者に任せることとする．

**命題 3.2.6.**
上で与えられた加法と乗法に関して，有理数全体の集合 $\mathbb{Q}$ は体になる．このことから，$\mathbb{Q}$ のことを**有理数体**という．

さらに，有理数全体の集合 $\mathbb{Q}$ 上の順序を定義する．

**定義 3.2.12** (有理数の順序)．
有理数 $C((m,n))$ に対して，
$$\text{``}m > 0 \text{ かつ } n > 0\text{'' または ``}m < 0 \text{ かつ } n < 0\text{''}$$
となるとき，$C((m,n)) > 0$ と表す．

今，二つの有理数 $C((m_1, n_1))$, $C((m_2, n_2))$ に対して，
$$C((m_1, n_1)) - C((m_2, n_2)) > 0$$

## 3.2. 数の話

となるとき，$C((m_1, n_1))$ は $C((m_2, n_2))$ より **大きい** といい，$C((m_1, n_1)) > C((m_2, n_2))$ または $C((m_2, n_2)) < C((m_1, n_1))$ と表す.

さらに，

$$C((m_1, n_1)) > C((m_2, n_2)) \text{ または } C((m_1, n_1)) = C((m_2, n_2))$$

となるとき，$C((m_1, n_1))$ は $C((m_2, n_2))$ **以上** であるといい，$C((m_1, n_1)) \geq C((m_2, n_2))$ または $C((m_2, n_2)) \leq C((m_1, n_1))$ で表す.

二項関係 $\leq$ は $\mathbb{Q}$ 上に順序を定義し，しかもこれによって $\mathbb{Q}$ は全順序集合になる.

最後に，有理整数環 $\mathbb{Z}$ と有理数体 $\mathbb{Q}$ との関係を与えておく.

今，次のような $\mathbb{Z}$ から $\mathbb{Q}$ への写像を考える：

$$\begin{aligned} \mathbb{Z} &\longrightarrow \mathbb{Q} \\ m &\longmapsto C((m, 1)) \end{aligned}$$

この写像が単射であることを示すのは簡単なので，読者への演習とする.

ここまで，有理数を表すのに定義に忠実に $C((m, n))$ という記号を用いてきたが，従来の慣習に従い，有理数 $C((m, n))$ のことを $\frac{m}{n}$ や $m/n$ で表す. この記法を用いれば上で考えてきた演算は，今まで学校の数学教育で習ったことと一致することが簡単に確認できるであろう.

# 第4章　解答

**解答 1.**
　各々の要素を書き出すと，$A = \{1, 2, 3, 4, 6, 12\}$，$B = \{1, 2, 3, 6, 9, 18\}$ となる．これにより，$A \cup B = \{1, 2, 3, 4, 6, 9, 12, 18\}$，$A \cap B = \{1, 2, 3, 6\}$，$A - B = \{4, 12\}$ となる．

**解答 2.**
　$A$ の部分集合は，$\emptyset$, $\{0\}$, $\{1\}$, $\{2\}$, $\{3\}$, $\{0,1\}$, $\{0,2\}$, $\{0,3\}$, $\{1,2\}$, $\{1,3\}$, $\{2,3\}$, $\{0,1,2\}$, $\{0,1,3\}$, $\{0,2,3\}$, $\{1,2,3\}$, $\{0,1,2,3\}$ の 16 個である．
　次に，$B = \{a_1, a_2, \cdots, a_n\}$ と表しておく．$B$ の部分集合のうち，要素の個数が 0 個のものは $\emptyset$ で $1 (=_n\mathrm{C}_0)$ 個ある．また，要素の個数が 1 個のものは，$\{a_1\}$, $\{a_2\}$, $\cdots$, $\{a_n\}$, 即ち，$_n\mathrm{C}_1 = n$ 個ある．さらに，要素の個数が 2 個のものは，$_n\mathrm{C}_2$ 個ある．以下，同様の議論で，要素の個数が $k$ 個のものは $_n\mathrm{C}_k$ 個あることから，これらを $0 \leq k \leq n$ で合計すると，個数の総和は，二項定理により，$_n\mathrm{C}_0 +_n\mathrm{C}_1 + \cdots +_n\mathrm{C}_n = (1+1)^n = 2^n$ になる．

**解答 3.**
　$\mathbb{N} \subset \mathbb{Z} \subset \mathbb{Q} \subset \mathbb{R}$，$\mathbb{R} - \mathbb{Q} \subset \mathbb{R}$ となる．

**解答 4.**
　まず，"$A \subset B$ が成り立つならば $B^c \subset A^c$" となることを示す．
今，$A \subset B$ が成り立つとする．$x \in B^c$ を任意にとると，$x \notin B$ であるが，$A \subset B$ の定義から $x \notin A$ となる．よって，$x \in A^c$ が成り立つことにより，$B^c \subset A^c$ を得る．
　次に，"$B^c \subset A^c$ が成り立つならば $A \subset B$" となることを示す．
$B^c \subset A^c$ が成り立つとする．$x \in A$ を任意にとると，$x \in B$ とならねばならない．何故ならば，仮に $x \notin B$ だとすると，$x \in B^c$ であるが，$B^c \subset A^c$ で

あることから，$x \in A^c$ となってしまう．これは $x \notin A$ を意味し，$x \in A$ であることに矛盾する．よって，$x \in B$ となり，$A \subset B$ が導かれる．

**解答 5.**
(1) "$f(A_1 \cup A_2) \subset f(A_1) \cup f(A_2)$ かつ $f(A_1) \cup f(A_2) \subset f(A_1 \cup A_2)$" となることを示す．

まず，$f(A_1 \cup A_2) \subset f(A_1) \cup f(A_2)$ となることを証明する．
任意の $y \in f(A_1 \cup A_2)$ をとると，$f(x) = y$ となるような $x \in A_1 \cup A_2$ が存在する．$x \in A_1$ となるときは，$f(x) \in f(A_1)$ となり，$x \in A_2$ となるときは，$f(x) \in f(A_2)$ となる．よって，$y = f(x) \in f(A_1) \cup f(A_2)$ が成り立つので，$f(A_1 \cup A_2) \subset f(A_1) \cup f(A_2)$ を得る．

次に，$f(A_1) \cup f(A_2) \subset f(A_1 \cup A_2)$ となることを示す．
$y \in f(A_1) \cup f(A_2)$ を任意にとると，"$y \in f(A_1)$ あるいは $y \in f(A_2)$" となる．$y \in f(A_1)$ となる場合は，$y = f(x_1)$ となるような $x_1 \in A_1$ がとれ，$y \in f(A_2)$ となる場合は，$y = f(x_2)$ となるような $x_2 \in A_2$ がとれる．このことから，$y = f(x)$ と表したときの $x$ は $x \in A_1 \cup A_2$ となることが判ったので，$y \in f(A_1 \cup A_2)$ となる．よって，$f(A_1) \cup f(A_2) \subset f(A_1 \cup A_2)$ となる．

以上により，$f(A_1 \cup A_2) = f(A_1) \cup f(A_2)$ が示された．
(2) 任意の $y \in f(A_1 \cap A_2)$ をとると，$y = f(x)$ となるような $x \in A_1 \cap A_2$ がとれる．このとき，"$x \in A_1$ かつ $x \in A_2$" であることから，"$f(x) \in f(A_1)$ かつ $f(x) \in f(A_2)$" となる．よって，$y = f(x) \in f(A_1) \cap f(A_2)$ となるので，$f(A_1 \cap A_2) \subset f(A_1) \cap f(A_2)$ を得る．
(3) "$f^{-1}(B_1 \cup B_2) \subset f^{-1}(B_1) \cup f^{-1}(B_2)$ かつ $f^{-1}(B_1) \cup f^{-1}(B_2) \subset f^{-1}(B_1 \cup B_2)$" を証明する．

まず，$f^{-1}(B_1 \cup B_2) \subset f^{-1}(B_1) \cup f^{-1}(B_2)$ を示す．
$x \in f^{-1}(B_1 \cup B_2)$ を任意にとると，$f(x) \in B_1 \cup B_2$ となる．このとき，"$f(x) \in B_1$ あるいは $f(x) \in B_2$" となるが，$f(x) \in B_1$ となるときは $x \in f^{-1}(B_1)$ となり，$f(x) \in B_2$ となるときは $x \in f^{-1}(B_2)$ となるので，$x \in f^{-1}(B_1) \cup f^{-1}(B_2)$ となる．よって，$f^{-1}(B_1 \cup B_2) \subset f^{-1}(B_1) \cup f^{-1}(B_2)$ が示された．

次に，$f^{-1}(B_1) \cup f^{-1}(B_2) \subset f^{-1}(B_1 \cup B_2)$ を示す．
$x \in f^{-1}(B_1) \cup f^{-1}(B_2)$ を任意にとると，"$x \in f^{-1}(B_1)$ あるいは $x \in f^{-1}(B_2)$" が成り立つ．$x \in f^{-1}(B_1)$ の場合，$f(x) \in B_1$ となり，$x \in f^{-1}(B_2)$ の場合，$f(x) \in B_2$ となる．よって，$f(x)$ は $B_1$ に含まれるか $B_2$ に含まれる

かのどちらかなので, $f(x) \in B_1 \cup B_2$ となり, $x \in f^{-1}(B_1 \cup B_2)$ が成り立つ. このことから, $f^{-1}(B_1) \cup f^{-1}(B_2) \subset f^{-1}(B_1 \cup B_2)$ を得る.

以上により, $f^{-1}(B_1 \cup B_2) = f^{-1}(B_1) \cup f^{-1}(B_2)$ が証明された.

(4) "$f^{-1}(B_1 \cap B_2) \subset f^{-1}(B_1) \cap f^{-1}(B_2)$ かつ $f^{-1}(B_1) \cap f^{-1}(B_2) \subset f^{-1}(B_1 \cap B_2)$" を示す.

まず, $f^{-1}(B_1 \cap B_2) \subset f^{-1}(B_1) \cap f^{-1}(B_2)$ を証明する.

$x \in f^{-1}(B_1 \cap B_2)$ を任意にとると, $f(x) \in B_1 \cap B_2$ となる. このとき, "$f(x) \in B_1$ かつ $f(x) \in B_2$" となるので, "$x \in f^{-1}(B_1)$ かつ $x \in f^{-1}(B_2)$" である. よって, $x \in f^{-1}(B_1) \cap f^{-1}(B_2)$ となり, $f^{-1}(B_1 \cap B_2) \subset f^{-1}(B_1) \cap f^{-1}(B_2)$ を得る.

次に, $f^{-1}(B_1) \cap f^{-1}(B_2) \subset f^{-1}(B_1 \cap B_2)$ を示す.

$x \in f^{-1}(B_1) \cap f^{-1}(B_2)$ を任意にとると, "$x \in f^{-1}(B_1)$ かつ $x \in f^{-1}(B_2)$" が成り立つ. これにより, "$f(x) \in B_1$ かつ $f(x) \in B_2$" となるので, $f(x) \in B_1 \cap B_2$ となる. よって, $x \in f^{-1}(B_1 \cap B_2)$ となることから, $f^{-1}(B_1) \cap f^{-1}(B_2) \subset f^{-1}(B_1 \cap B_2)$ が証明された.

以上により, $f^{-1}(B_1 \cap B_2) = f^{-1}(B_1) \cap f^{-1}(B_2)$ が示された.

(5) $x \in A_1$ を任意にとると, $f(x) \in f(A_1)$ である. このことから, $x \in f^{-1}(f(A_1))$ となるので, $A_1 \subset f^{-1}(f(A_1))$ を得る.

(6) $y \in f(f^{-1}(B_1))$ を任意にとると, $y = f(x)$ となるような $x \in f^{-1}(B_1)$ がとれる. このとき, $f(x) \in B_1$ であることから, $y \in B_1$ となるので, $f(f^{-1}(B_1)) \subset B_1$ を得る.

(7) $y \in f(A_1) - f(A_2)$ を任意にとると, "$y \in f(A_1)$ かつ $y \notin f(A_2)$" となる. このとき, $y = f(x)$ となるような $x \in A_1$ が存在するが, この $x$ は $A_2$ には含まれない. 何故なら, もし $x \in A_2$ だとすると, $y = f(x) \in f(A_2)$ となってしまい, $y \notin f(A_2)$ に矛盾するからである. よって, $x \in A_1 - A_2$ であり, $y = f(x) \in f(A_1 - A_2)$ となることから, $f(A_1) - f(A_2) \subset f(A_1 - A_2)$ を得る.

(8) "$f^{-1}(B_1) - f^{-1}(B_2) \subset f^{-1}(B_1 - B_2)$ かつ $f^{-1}(B_1 - B_2) \subset f^{-1}(B_1) - f^{-1}(B_2)$" を証明する.

まず, $f^{-1}(B_1) - f^{-1}(B_2) \subset f^{-1}(B_1 - B_2)$ を示す.

$x \in f^{-1}(B_1) - f^{-1}(B_2)$ を任意にとると, "$x \in f^{-1}(B_1)$ であるが $x \notin f^{-1}(B_2)$" であることから, "$f(x) \in B_1$ かつ $f(x) \notin B_2$" となる. よって,

$f(x) \in B_1 - B_2$ となるので, $x \in f^{-1}(B_1 - B_2)$ を得る. ゆえに, $f^{-1}(B_1) - f^{-1}(B_2) \subset f^{-1}(B_1 - B_2)$ が示された.

次に, $f^{-1}(B_1 - B_2) \subset f^{-1}(B_1) - f^{-1}(B_2)$ を証明する. $x \in f^{-1}(B_1 - B_2)$ を任意にとると, $f(x) \in B_1 - B_2$ となるので, "$f(x) \in B_1$ かつ $f(x) \notin B_2$"である. これにより, "$x \in f^{-1}(B_1)$ かつ $x \notin f^{-1}(B_2)$" となるから, $x \in f^{-1}(B_1) - f^{-1}(B_2)$ を得る. よって, $f^{-1}(B_1 - B_2) \subset f^{-1}(B_1) - f^{-1}(B_2)$ が証明された.

以上により, $f^{-1}(B_1) - f^{-1}(B_2) = f^{-1}(B_1 - B_2)$ が従う.

最後に, (2), (5), (6), (7) の等号が成り立たないような例をあげる. $A$ として実数全体の集合 $\mathbb{R}$ をとり, $A$ の部分集合 $A_1, A_2$ を $A_1 = [0, 1]$, $A_2 = [-1, 0]$ とする. また, $B$ を $\mathbb{R}$ として, $B$ の部分集合 $B_1$ を $B_1 = [-1, 0]$ とする. そして写像 $f : A \longrightarrow B$ を $f(x) = x^2$ で定義する. このとき, これらが (2), (5), (6), (7) の等号が成り立たないような例を与える:

(2) $A_1 \cap A_2 = \{0\}$ により, $f(A_1 \cap A_2) = \{0\}$ となる. 一方, $f(A_1) = f(A_2) = [0, 1]$ なので, $f(A_1) \cap f(A_2) = [0, 1]$ となる. 以上により, $f(A_1 \cap A_2) \subsetneq f(A_1) \cap f(A_2)$ を得る.

(5) $f^{-1}(f(A_1)) = [-1, 1]$ により, $A_1 \subsetneq f^{-1}(f(A_1))$ となる.

(6) $f^{-1}(B_1) = \{0\}$ なので, $f(f^{-1}(B_1)) = \{0\}$ となる. よって, $f(f^{-1}(B_1)) \subsetneq B_1$ が従う.

(7) $A_1 - A_2 = (0, 1]$ となるから, $f(A_1 - A_2) = (0, 1]$ である. 一方, $f(A_1) - f(A_2) = \emptyset$ なので, このとき, $f(A_1) - f(A_2) \subsetneq f(A_1 - A_2)$ が成り立つ.

## 解答 6.

(1) 単射でも全射でもない.

実際, $-1$ と $1$ をとれば共に $A$ の異なる元であり, $f(-1) = f(1) = 1$ となることから, $f$ は単射でない.

また, $-1$ という $B$ の元をとれば, どんな $A$ の元 $x$ をとっても $f(x) = x^2 \geq 0$ であることから, $f(x) = -1$ となるような $A$ の元 $x$ は存在しない. よって, $f$ は全射でもない.

(2) 単射であるが, 全射でない.

事実, $A$ の元 $x, y$ に対して, $f(x) = f(y)$ が成り立つとする. このとき, $x^2 = y^2$ であり, $x, y \geq 0$ であることから, $x = y$ を得るので, $f$ は単射で

ある．

一方，(1) と同様に，$-1$ という $B$ の元をとれば，$f(x) = -1$ となるような $A$ の元 $x$ は存在しないことから，$f$ は全射でない．

(3) 単射でないが，全射である．

実際，(1) と同じように，$A$ の二つの元 $1, -1$ をとれば，$-1 \neq 1$ であり $f(-1) = f(1)$ となることから，$f$ は単射でない．

また，$B$ の元 $y$ を任意にとると，$y \geq 0$ であることから，$A$ の元 $x$ として $x = \sqrt{y}$ ととれば，$f(x) = y$ となる．よって，$f$ は全射となる．

(4) 全単射である．

まず，(2) と同様に，$f(x) = f(y)$ とすると $x = y$ を得るので，$f$ は単射である．

次に，(3) と同じようにすれば，どんな $B$ の元 $y$ に対しても $f(x) = y$ となるような $A$ の元 $x$ が存在するので，$f$ は全射になる．

**解答 7.**

(1) まず，$g(1) = \dfrac{2}{1^2 + 1} = 1$ である．これにより，$a = f \circ g(1) = f(g(1)) = 3g(1) + 1 = 3 \cdot 1 + 1 = 4$.

(2) $f(2) = 3 \cdot 2 + 1 = 7$ となる．よって，$b = g \circ f(2) = g(f(2)) = \dfrac{2}{f(2)^2 + 1} = \dfrac{2}{7^2 + 1} = \dfrac{1}{25}$.

(3) $g(-1) = \dfrac{2}{(-1)^2 + 1} = 1$ に注意する．$c = g \circ g(-1) = g(g(-1)) = \dfrac{2}{g(-1)^2 + 1} = \dfrac{2}{1^2 + 1} = 1$.

**解答 8.**

(1) $f(x) = f(y)$ となるような $A$ の元 $x, y$ は $x = y$ を満たすことを示す．$f(x) = f(y)$ のとき，$g(f(x)) = g(f(y))$ が成り立つ．このとき，$(g \circ f)(x) = (g \circ f)(y)$ となることから，$g \circ f$ の単射性により，$x = y$ を得る．よって，$f$ は単射である．

(2) どんな $C$ の元 $c$ に対しても，$g(b) = c$ となるような $B$ の元 $b$ がとれることを証明する．

$c \in C$ を任意にとる．このとき，$g \circ f$ が全射であることから，$(g \circ f)(a) = c$ となるような $A$ の元 $a$ が存在する．この $a$ に対して，$b = f(a)$ とおけば，

$b \in B$ であり，$g(b) = g(f(a)) = (g \circ f)(a) = c$ となる．よって，$g$ が全射であることが証明された．

**解答 9.**

以下のように写像 $f : (a, b) \longrightarrow (c, d)$ を定義する：

$$f : (a, b) \longrightarrow (c, d)$$
$$x \longmapsto \frac{d-c}{b-a}(x-a) + c$$

このとき，$f$ は全単射になる．幾何学的に考えると，$f$ は $(x, y)$ 平面における，二点 $(a, c)$, $(b, d)$ を結ぶ直線であることに注意する．

まず全射性を示す．
$y \in (c, d)$ を任意にとる．このとき，$x = a + \frac{b-a}{d-c}(y-c)$ ととれば，$x \in (a, b)$ であり，$f(x) = y$ となる．よって，$f$ は全射になる．

次に，単射性を示す．
$f(x_1) = f(x_2)$ となる $(a, b)$ の元 $x_1$, $x_2$ は $x_1 = x_2$ を満たすことを証明する．
$f(x_1) = f(x_2)$ が成り立つとすると，

$$\frac{d-c}{b-a}(x_1 - a) + c = \frac{d-c}{b-a}(x_2 - a) + c$$

となる．これを解くと $x_1 = x_2$ となることにより，$f$ が単射であることが証明された．

以上により，開区間 $(a, b)$ から開区間 $(c, d)$ への全単射 $f$ が作れたので，濃度が等しいことが示された．

閉区間 $[a, b]$ と閉区間 $[c, d]$ の場合も，同様の $f$ を考えれば全単射になるので，濃度が等しいことが判る．

**解答 10.**

次のように写像 $f : [0, 1] \longrightarrow (0, 1)$ を定義する：

$$f : [0, 1] \longrightarrow (0, 1)$$
$$x \longmapsto \begin{cases} \dfrac{1}{2}, & (x = 0 \text{ のとき}) \\ \dfrac{x}{4}, & \left(x = \dfrac{1}{2^n}, \quad (n = 0, 1, 2, \cdots)\right) \\ x, & \left(x \neq 0, \dfrac{1}{2^n}, \quad (n = 0, 1, 2, \cdots)\right) \end{cases}$$

このとき，この $f$ は全単射になる．

まず，全射であることを示す．
$(0, 1)$ の任意の元 $y$ をとる．$y$ が $\dfrac{1}{2^m}$ $(m = 1, 2, \cdots)$ の型のときは，$m = 1$ の場合に対しては $x = 0$ とすれば，$x \in [0, 1]$ であり $f(x) = y$ となる．$m \geq 2$ の場合は $x = \dfrac{1}{2^{m-2}}$ とすれば，$x \in [0, 1]$ であり $f(x) = y$ となる．$y$ が $\dfrac{1}{2^m}$ $(m = 1, 2, \cdots)$ の型でないときは，$x = y$ ととれば，$x \in [0, 1]$ であり $f(x) = y$ となる．よって，$f$ が全射になることが示された．

次に，単射であることを証明する．
$f(x_1) = f(x_2)$ となるような $[0, 1]$ の元 $x_1$, $x_2$ は $x_1 = x_2$ を満たすことを証明する．$f(x_1) = f(x_2)$ とする．まず，この値が $\dfrac{1}{2^m}$ $(m = 1, 2, \cdots)$ の型のときを考える．$m = 1$ のとき，$x_1$ と $x_2$ は共に $0$ になるしかないので，$x_1 = x_2$ となるし，$m \geq 2$ のときは，$x_1$ と $x_2$ は共に $\dfrac{1}{2^{m-2}}$ になるしかないので，$x_1 = x_2$ となる．次に，$f(x_1) = f(x_2)$ の値が $\dfrac{1}{2^m}$ $(m = 1, 2, \cdots)$ の型でないときを考える．このとき，$x_1 = f(x_1) = f(x_2) = x_2$ なので，$x_1 = x_2$ を得る．よって，$f$ が単射になることが証明された．

以上により，$f$ が全単射であることが判り，閉区間 $[0, 1]$ と開区間 $(0, 1)$ とは濃度が等しいことが示された．

閉区間 $[0, 1]$ と半開区間 $(0, 1]$ については，以下のように写像 $g : [0, 1] \longrightarrow (0, 1]$ を定義すれば上と同様の議論で全単射が作れる：

$$g : [0, 1] \longrightarrow (0, 1]$$

$$x \longmapsto \begin{cases} 1, & (x = 0 \text{ のとき}) \\ \dfrac{x}{2}, & \left(x = \dfrac{1}{2^n}, \ (n = 0, 1, 2, \cdots)\right) \\ x, & \left(x \neq 0, \dfrac{1}{2^n}, \ (n = 0, 1, 2, \cdots)\right) \end{cases}$$

**解答 11.**
(1) $A$ から $A$ への全単射を作る．これは

$$f : A \longrightarrow A$$
$$a \longmapsto a$$

と定義すればよい[1]．実際，値域 $A$ の任意の元 $a$ に対して，定義域 $A$ の元 $a$ をとれば，$f(a) = a$ となるので，$f$ は全射である．また，$f(a_1) = f(a_2)$ となるような定義域 $A$ の元 $a_1$，$a_2$ をとれば，$a_1 = f(a_1) = f(a_2) = a_2$ となることから，$a_1 = a_2$ が導かれ，$f$ が単射であることが判る．

(2) $A$ から $B$ への全単射 $f : A \longrightarrow B$ が存在したとして，$B$ から $A$ への全単射が存在することを示す．事実，$f$ に対して，$B$ から $A$ への写像 $g$ を

$$g : B \longrightarrow A$$
$$b \longmapsto b = f(a) \text{ となるような } a$$

で定義する．この $g$ は写像になる，即ち，$b \in B$ を一つとれば $A$ の元が一つ定まる．実際，$f$ は全射なので，どんな $b \in B$ に対しても $f(a) = b$ となるような $A$ の元 $a$ が一つは存在する．次に，もしこの $a$ 以外にも $b = f(a')$ となるような別の $A$ の元 $a'$ がとれたとすると，$b = f(a) = f(a')$ であり，$f$ の単射性から $a = a'$ となってしまう．よって，$b = f(a)$ となるような $a$ は1通りしかないので，$g$ は写像になる．この $B$ から $A$ への写像 $g$ のことを $f$ の **逆写像** といい，$f^{-1}$ で表す．

$f^{-1}$ は全単射になることを示す．
まず，$A$ の任意の元 $a$ に対して，$b = f(a)$ とおくと，$b \in B$ であり，$f^{-1}(b) = a$ となるので $f^{-1}$ は全射である．
次に，$f^{-1}(b_1) = f^{-1}(b_2)$ となるような $B$ の元 $b_1$，$b_2$ をとる．$f^{-1}(b_1)$，$f^{-1}(b_2)$ は $f(a_1) = b_1$，$f(a_2) = b_2$ となるような $A$ の元 $a_1$，$a_2$ を用いて $f^{-1}(b_1) = a_1$，$f^{-1}(b_2) = a_2$ で表され，$f^{-1}(b_1) = f^{-1}(b_2)$ (即ち，$a_1 = a_2$) という条件から $b_1 = f(a_1) = f(a_2) = b_2$ が得られ，$b_1 = b_2$ となる．よって，$f^{-1}$ は単射である．

以上により，$f^{-1}$ は全単射である．

(3) 二つの全単射 $f : A \longrightarrow B$，$g : B \longrightarrow C$ が与えられたとして，$A$ から $C$ への全単射を作る．$A$ から $C$ への写像 $h$ を $h = g \circ f$ によって定義すれば，これは全単射になる．

事実，$C$ の元 $c$ を任意にとると，$g$ の全射性により $g(b) = c$ となるような $B$ の元 $b$ が存在し，さらに，$f$ の全射性から $f(a) = b$ となるような $A$ の元 $a$ が存在する．このことから，$h(a) = (g \circ f)(a) = g(f(a)) = g(b) = c$ となることによ

---
[1] このような写像のことを **恒等写像** という．

り, $h$ が全射になることが判る. 一方, $h(a_1) = h(a_2)$ となるような $A$ の元 $a_1$, $a_2$ をとると, $g(f(a_1)) = (g \circ f)(a_1) = h(a_1) = h(a_2) = (g \circ f)(a_2) = g(f(a_2))$ であることと, $g$ の単射性により, $f(a_1) = f(a_2)$ となり, さらに, $f$ の単射性から $a_1 = a_2$ を得る. よって, $h$ は単射になる.

以上により, $h$ は全単射となることが示された.

**解答 12.**
整数全体の集合を $\mathbb{Z}$ で表す.

まず, $\mathbb{R}$ の任意の元 $x$ をとると, $x - x = 0 \in \mathbb{Z}$ となることから, 反射律が成り立つ.

次に, $\mathbb{R}$ の任意の元 $x, y$ が $x - y \in \mathbb{Z}$ を満たすとする. このとき, $x - y = m$ ($m$ は整数) と表されるが, これに対して, $y - x = -m \in \mathbb{Z}$ となる. よって, 対称律が従う.

さらに, $\mathbb{R}$ の任意の元 $x, y, z$ が $x - y \in \mathbb{Z}$ および $y - z \in \mathbb{Z}$ を満たすとする. このとき, $x - y = m_1$, $y - z = m_2$ ($m_1, m_2$ は整数) と表されるが, これにより, $x - z = (x - y) + (y - z) = m_1 + m_2 \in \mathbb{Z}$ となる. このことから, 推移律が成り立つ.

以上により, 上述の $\rho$ は同値関係になる.

次に, 商集合 $\mathbb{R}/\rho$ を考える. イメージをつかむために下図を参考にしよう.

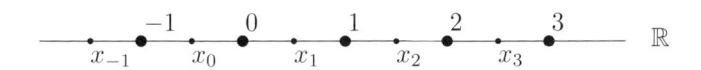

大きな黒点として, $\cdots$, $-1$, $0$, $1$, $2$, $\cdots$ を配置する. 今, $0$ と $1$ の間に $x_1$ をとる. このとき, $x \rho x_1$ となる $x$ として, $\cdots$, $x_{-1}$, $x_0$, $x_2$, $\cdots$ をとる. つまり, $x_1$ を $-1$ だけ平行移動したものが $x_0$ であり, $x_1$ を $1$ 平行移動したものが $x_2$ などとする. 整数分だけ平行移動して $x_1$ に移るものが $x_1$ と同じと考えられるわけである. このことを踏まえると, 数直線上の点をとれば, それらを適当に整数分だけ平行移動させることによって, $0$ と $1$ の間の点と同一視させることができることが判る. このことから, 商集合 $\mathbb{R}/\rho$ は閉区間 $[0, 1]$ に帰着される. しかし, 閉区間 $[0, 1]$ の端点である $0$ と $1$ は $\rho$ によって同じ点と見なせるので, 商集合 $\mathbb{R}/\rho$ は, 閉区間 $[0, 1]$ を紐と考えて, その端

点をくっつけた形である，円周になる．

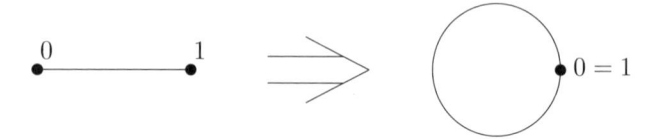

## 解答 13.

整数全体の集合を $\mathbb{Z}$ とおくと，$\mathbb{R}^2$ の格子点全体の集合は $\mathbb{Z}^2$ で表される．$(x_1, y_1) \rho (x_2, y_2)$ であることは，$(x_1, y_1) - (x_2, y_2) = (x_1 - x_2, y_1 - y_2)$ が格子点となることと同値であることに注意する．

まず，$\mathbb{R}^2$ の任意の元 $(x, y)$ をとると，$(x, y) - (x, y) = (0, 0) \in \mathbb{Z}^2$ となることから，反射律が成り立つ．

次に，$\mathbb{R}^2$ の任意の元 $(x_1, y_1)$, $(x_2, y_2)$ が $(x_1, y_1) - (x_2, y_2) \in \mathbb{Z}^2$ を満たすとする．このとき，$(x_1, y_1) - (x_2, y_2) = (m_1, m_2)$ $(m_1, m_2$ は整数$)$ と表されるが，これに対して，$(x_2, y_2) - (x_1, y_1) = (-m_1, -m_2) \in \mathbb{Z}^2$ となる．よって，対称律が従う．

さらに，$\mathbb{R}^2$ の任意の元 $(x_1, y_1)$, $(x_2, y_2)$, $(x_3, y_3)$ が $(x_1, y_1) - (x_2, y_2) \in \mathbb{Z}^2$ および $(x_2, y_2) - (x_3, y_3) \in \mathbb{Z}^2$ を満たすとする．このとき，$(x_1, y_1) - (x_2, y_2) = (m_1, m_2)$, $(x_2, y_2) - (x_3, y_3) = (m_3, m_4)$ $(m_1, m_2, m_3, m_4$ は整数$)$ と表されるが，これにより，$(x_1, y_1) - (x_3, y_3) = ((x_1, y_1) - (x_2, y_2)) + ((x_2, y_2) - (x_3, y_3)) = (m_1 + m_3, m_2 + m_4) \in \mathbb{Z}^2$ となる．このことから，推移律が成り立つ．

以上により，上述の $\rho$ は同値関係になる．

次に，商集合 $\mathbb{R}^2/\rho$ を考える．イメージをつかむために次図を参考にする．

まず，$\mathbb{R}^2$ に直線 $x = k$, $y = l$ $(k, l$ は整数$)$ をひく．次に，$x$ 軸，$y$ 軸，直線 $x = 1$, 直線 $y = 1$ で囲まれる正方形 $X$ 内の点 $(x_0, y_0)$ をとる．$(x, y) \rho (x_0, y_0)$ となるような $\mathbb{R}^2$ 上の点 $(x, y)$ を書き足すと，図のような黒点が得られる．つまり，$(x_0, y_0)$ を $x$ 軸方向に 1 だけ平行移動したものが $(x_1, y_0)$ であり，$(x_0, y_0)$ を $y$ 軸方向に 1 だけ平行移動したものが $(x_0, y_1)$ である．以下，このような $(x, y)$ は無限個とることができるが，いずれも $(x_0, y_0)$ と同じ点と見なす．

このことを考慮すれば，$\mathbb{R}^2$ の点をとると，それを $x$ 軸方向，$y$ 軸方向に適当に整数分だけ平行移動していき，正方形 $X$ 内の点と同一視できるということが判る．よって，商集合 $\mathbb{R}^2/\rho$ を考えるためには，正方形 $X$ を詳しく見ていけばよい．

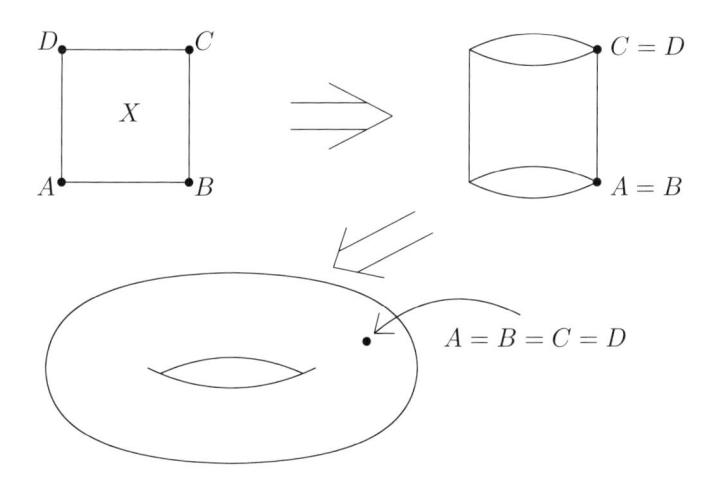

正方形 $X$ の四つの頂点 $A$, $B$, $C$, $D$ をとる．このとき，$AB$ と $DC$, $AD$ と $BC$ とは同値関係の条件により同じものと見なす．まず，$AD$ と $BC$ とを一つに張り合わせると円柱ができる．この円柱の上側にある円が $DC$ に対応

し，下側にある円が $AB$ に対応する．次に，その上側の円と下側の円を張り合わせると，ドーナツの表面のような曲面ができ，これが商集合 $\mathbb{R}^2/\rho$ になる．

このようなドーナツの表面のような曲面のことを**トーラス**という．

## 解答 14.

$x \rho y$ となることと，$x - y = 2m$ ($m$ は整数) と書けることとは同値であることに注意する．

まず，$\mathbb{Z}$ の任意の元 $x$ をとると，$x - x = 0 = 2 \cdot 0$ となることから，反射律が従う．

次に，$\mathbb{Z}$ の任意の元 $x, y$ が $x - y = 2m$ ($m$ は整数) と表されるとする．このとき，$y - x = -2m = 2(-m)$ となる．よって，対称律が成り立つ．

さらに，$\mathbb{Z}$ の任意の元 $x, y, z$ が $x - y = 2m_1$ および $y - z = 2m_2$ ($m_1$ と $m_2$ は整数) と表されるとする．このとき，$x - z = (x - y) + (y - z) = 2m_1 + 2m_2 = 2(m_1 + m_2)$ となる．このことから，推移律を得る．

以上により，上述の $\rho$ は同値関係になる．

次に，商集合 $\mathbb{Z}/\rho$ を考える．イメージをつかむために下図を参考にしよう．

$x \rho 0$ となるような整数 $x$ は偶数全体の集合を作るゆえ，$\cdots, -2, 0, 2, 4, \cdots$ は全て 0 と同一視される．一方，$x \rho 1$ となるような整数 $x$ は，奇数全体の集合を作る．このことから，$\cdots, -1, 1, 3, \cdots$ は全て 1 と同一視される．また，どんな整数 $m$ をもってしても，$1 - 0 = 2m$ とはできないので，$0 \rho 1$ にはならないことに注意する．

以上により，商集合 $\mathbb{Z}/\rho$ は 0 と 1 とからなる集合 $\{0, 1\}$ になる．この $\{0, 1\}$ は整数を 2 で割った余りの集合と考えられ，しばしばこれを $\mathbb{Z}/2\mathbb{Z}$ あるいは $\mathbb{Z}_2$ で表す．

## 解答 15.

イメージをつかむために次図を用いる．

```
        -1    →  0    1  ←    2
  ―――●――●―●―――――――●―●―●―――――――  ℝ
       -1/2             3/2
```

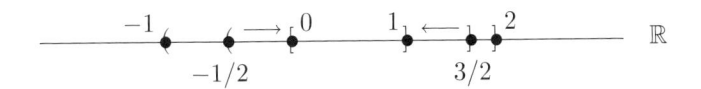

$n$ に 1, 2, ⋯ を代入していき, それに伴う $U_n$ の動きを見る. $U_1 = (-1, 2]$, $U_2 = (-1/2, 3/2]$, 以下, $n$ が大きくなるにつれ, $U_n$ の範囲は狭くなっていき, 閉区間 $[0, 1]$ に近付いていく. このことを踏まえた上で, 和集合と共通部分を考える.

まず, 和集合を考えると, $\cup_{n \in \mathbb{N}} U_n = (-1, 2]$ となる.

実際, $U_1 = (-1, 2]$ であるから, $(-1, 2] \subset \cup_{n \in \mathbb{N}} U_n$ が成り立つ. 一方, $x \in \cup_{n \in \mathbb{N}} U_n$ を任意にとると, $x \in U_m$ となるような自然数 $m$ がとれる. このとき, $U_m = (-1/m, 1+1/m] \subset (-1, 2]$ となるので, $x \in (-1, 2]$ となることから, $\cup_{n \in \mathbb{N}} U_n \subset (-1, 2]$ を得る.

以上により, $\cup_{n \in \mathbb{N}} U_n = (-1, 2]$ が示された.

次に, 共通部分を考えると, $\cap_{n \in \mathbb{N}} U_n = [0, 1]$ となる.

事実, どんな自然数 $n$ に対しても $[0, 1] \subset U_n = (-1/n, 1+1/n]$ となることから, $[0, 1] \subset \cap_{n \in \mathbb{N}} U_n$ を得る. ここで, $[0, 1] = \cap_{n \in \mathbb{N}} U_n$ となることを背理法によって示す. $[0, 1] \neq \cap_{n \in \mathbb{N}} U_n$, 即ち, $[0, 1] \subsetneq \cap_{n \in \mathbb{N}} U_n$ と仮定すると, $x \in \cap_{n \in \mathbb{N}} U_n - [0, 1]$ となるような $x$ が存在する. このとき, $x < 0$ または $x > 1$ となる. $x < 0$ とすると, アルキメデスの原理から, $(-x) \cdot n_0 > 1$, つまり, $-1/n_0 > x$ となるような自然数 $n_0$ がとれる. このとき, $x \notin U_{n_0} = (-1/n_0, 1+1/n_0]$ となるので, $x \in \cap_{n \in \mathbb{N}} U_n$ であることに矛盾する. $x > 1$ の場合, 同じくアルキメデスの原理から, $(x-1) \cdot n_1 > 1$, 即ち, $1+1/n_1 < x$ となるような自然数 $n_1$ が存在する. このとき, $x \notin U_{n_1} = (-1/n_1, 1+1/n_1]$ となるから, $x \in \cap_{n \in \mathbb{N}} U_n$ であることに反する.

以上により, $\cap_{n \in \mathbb{N}} U_n = [0, 1]$ が証明された.

## 解答 16.

(1) "$(\cup_{\lambda \in \Lambda} A_\lambda) \cap B \subset \cup_{\lambda \in \Lambda} (A_\lambda \cap B)$ かつ $\cup_{\lambda \in \Lambda} (A_\lambda \cap B) \subset (\cup_{\lambda \in \Lambda} A_\lambda) \cap B$" となることを示す.

まず, $(\cup_{\lambda \in \Lambda} A_\lambda) \cap B \subset \cup_{\lambda \in \Lambda} (A_\lambda \cap B)$ を証明する.

$x \in (\cup_{\lambda \in \Lambda} A_\lambda) \cap B$ を任意にとると, "$x \in \cup_{\lambda \in \Lambda} A_\lambda$ かつ $x \in B$" となる. こ

のことから, $x \in A_\mu$ となるような $\mu \in \Lambda$ が存在し, $x \in B$ であることと合わせると, $x \in A_\mu \cap B$ を得る. よって, $x \in \cup_{\lambda \in \Lambda}(A_\lambda \cap B)$ となるので, $(\cup_{\lambda \in \Lambda} A_\lambda) \cap B \subset \cup_{\lambda \in \Lambda}(A_\lambda \cap B)$ が成り立つ.

次に, $\cup_{\lambda \in \Lambda}(A_\lambda \cap B) \subset (\cup_{\lambda \in \Lambda} A_\lambda) \cap B$ を示す. $x \in \cup_{\lambda \in \Lambda}(A_\lambda \cap B)$ を任意にとると, $x \in A_\mu \cap B$ となるような $\mu \in \Lambda$ が存在する. これは "$x \in A_\mu$ かつ $x \in B$" を意味し, $A_\mu \subset \cup_{\lambda \in \Lambda} A_\lambda$ であることから, $x \in (\cup_{\lambda \in \Lambda} A_\lambda) \cap B$ となる. よって, $\cup_{\lambda \in \Lambda}(A_\lambda \cap B) \subset (\cup_{\lambda \in \Lambda} A_\lambda) \cap B$ が示された.

以上により, $(\cup_{\lambda \in \Lambda} A_\lambda) \cap B = \cup_{\lambda \in \Lambda}(A_\lambda \cap B)$ が従う.

(2) "$(\cap_{\lambda \in \Lambda} A_\lambda) \cup B \subset \cap_{\lambda \in \Lambda}(A_\lambda \cup B)$ かつ $\cap_{\lambda \in \Lambda}(A_\lambda \cup B) \subset (\cap_{\lambda \in \Lambda} A_\lambda) \cup B$" となることを証明する.

まず, $(\cap_{\lambda \in \Lambda} A_\lambda) \cup B \subset \cap_{\lambda \in \Lambda}(A_\lambda \cup B)$ を示す. $x \in (\cap_{\lambda \in \Lambda} A_\lambda) \cup B$ を任意にとると, "$x \in \cap_{\lambda \in \Lambda} A_\lambda$ あるいは $x \in B$" が成り立つ. $x \in \cap_{\lambda \in \Lambda} A_\lambda$ となるとき, どのような $\mu \in \Lambda$ に対しても $x \in A_\mu$ となることから, $A_\mu \subset A_\mu \cup B$ であることと合わせると, $x \in A_\mu \cup B$ が成り立つ. また, $x \in B$ の場合, どのような $\mu \in \Lambda$ に対しても $B \subset A_\mu \cup B$ となることから, $x \in A_\mu \cup B$ となる. これらにより, $x \in \cap_{\lambda \in \Lambda}(A_\lambda \cup B)$ が導かれるので, $(\cap_{\lambda \in \Lambda} A_\lambda) \cup B \subset \cap_{\lambda \in \Lambda}(A_\lambda \cup B)$ を得る.

次に, $\cap_{\lambda \in \Lambda}(A_\lambda \cup B) \subset (\cap_{\lambda \in \Lambda} A_\lambda) \cup B$ を証明する. $x \in \cap_{\lambda \in \Lambda}(A_\lambda \cup B)$ を任意にとると, どのような $\mu \in \Lambda$ に対しても $x \in A_\mu \cup B$ となる. これは "$x \in A_\mu$ あるいは $x \in B$" を意味し, $\mu \in \Lambda$ は任意にとってきたので, "$x \in \cap_{\lambda \in \Lambda} A_\lambda$ あるいは $x \in B$" となる. よって, $x \in (\cap_{\lambda \in \Lambda} A_\lambda) \cup B$ が得られ, $\cap_{\lambda \in \Lambda}(A_\lambda \cup B) \subset (\cap_{\lambda \in \Lambda} A_\lambda) \cup B$ が示された.

以上により, $(\cap_{\lambda \in \Lambda} A_\lambda) \cup B = \cap_{\lambda \in \Lambda}(A_\lambda \cup B)$ が証明された.

## 解答 17.

(1) "$f(\cup_{\lambda \in \Lambda} A_\lambda) \subset \cup_{\lambda \in \Lambda} f(A_\lambda)$ かつ $\cup_{\lambda \in \Lambda} f(A_\lambda) \subset f(\cup_{\lambda \in \Lambda} A_\lambda)$" となることを示す.

まず, $f(\cup_{\lambda \in \Lambda} A_\lambda) \subset \cup_{\lambda \in \Lambda} f(A_\lambda)$ を示す. $y \in f(\cup_{\lambda \in \Lambda} A_\lambda)$ を任意にとると, $y = f(x)$ となるような $x \in \cup_{\lambda \in \Lambda} A_\lambda$ がとれる. このとき, $x \in A_\mu$ となるような $\mu \in \Lambda$ が存在するので, $y = f(x) \in f(A_\mu)$ となる. よって, $y \in \cup_{\lambda \in \Lambda} f(A_\lambda)$ となるので, $f(\cup_{\lambda \in \Lambda} A_\lambda) \subset \cup_{\lambda \in \Lambda} f(A_\lambda)$ を得る.

次に, $\cup_{\lambda\in\Lambda}f(A_\lambda)\subset f(\cup_{\lambda\in\Lambda}A_\lambda)$ となることを証明する.
$y\in\cup_{\lambda\in\Lambda}f(A_\lambda)$ を任意にとると, $y\in f(A_\mu)$ となるような $\mu\in\Lambda$ が存在することから, $y=f(x)$ となるような $x\in A_\mu$ がとれる. このとき, $x\in\cup_{\lambda\in\Lambda}A_\lambda$ となるので, $y=f(x)\in f(\cup_{\lambda\in\Lambda}A_\lambda)$ を得る. よって, $\cup_{\lambda\in\Lambda}f(A_\lambda)\subset f(\cup_{\lambda\in\Lambda}A_\lambda)$ が示された.

以上により, $f(\cup_{\lambda\in\Lambda}A_\lambda)=\cup_{\lambda\in\Lambda}f(A_\lambda)$ が証明された.
(2) $y\in f(\cap_{\lambda\in\Lambda}A_\lambda)$ を任意にとると, $y=f(x)$ となるような $x\in\cap_{\lambda\in\Lambda}A_\lambda$ が存在する. これはどのような $\mu\in\Lambda$ に対しても $x\in A_\mu$ となることを意味するので, どのような $\mu\in\Lambda$ に対しても $y=f(x)\in f(A_\mu)$ となることが導かれる. よって, $y\in\cap_{\lambda\in\Lambda}f(A_\lambda)$ となり, $f(\cap_{\lambda\in\Lambda}A_\lambda)\subset\cap_{\lambda\in\Lambda}f(A_\lambda)$ が従う.
(3) "$f^{-1}(\cup_{\mu\in\Lambda'}B_\mu)\subset\cup_{\mu\in\Lambda'}f^{-1}(B_\mu)$ かつ $\cup_{\mu\in\Lambda'}f^{-1}(B_\mu)\subset f^{-1}(\cup_{\mu\in\Lambda'}B_\mu)$" となることを示す.

まず, $f^{-1}(\cup_{\mu\in\Lambda'}B_\mu)\subset\cup_{\mu\in\Lambda'}f^{-1}(B_\mu)$ となることを証明する.
$x\in f^{-1}(\cup_{\mu\in\Lambda'}B_\mu)$ を任意にとると, $f(x)\in\cup_{\mu\in\Lambda'}B_\mu$ となることから, $f(x)\in B_\nu$ となるような $\nu\in\Lambda'$ が存在する. このとき, $x\in f^{-1}(B_\nu)$ となるので, $x\in\cup_{\mu\in\Lambda'}f^{-1}(B_\mu)$ となり, $f^{-1}(\cup_{\mu\in\Lambda'}B_\mu)\subset\cup_{\mu\in\Lambda'}f^{-1}(B_\mu)$ を得る.

次に, $\cup_{\mu\in\Lambda'}f^{-1}(B_\mu)\subset f^{-1}(\cup_{\mu\in\Lambda'}B_\mu)$ を示す.
$x\in\cup_{\mu\in\Lambda'}f^{-1}(B_\mu)$ を任意にとると, $x\in f^{-1}(B_\nu)$ となるような $\nu\in\Lambda'$ が存在する. このとき, $f(x)\in B_\nu$ となるので, $f(x)\in\cup_{\mu\in\Lambda'}B_\mu$ となる. よって, $x\in f^{-1}(\cup_{\mu\in\Lambda'}B_\mu)$ が成り立つので, $\cup_{\mu\in\Lambda'}f^{-1}(B_\mu)\subset f^{-1}(\cup_{\mu\in\Lambda'}B_\mu)$ が示された.

以上により, $f^{-1}(\cup_{\mu\in\Lambda'}B_\mu)=\cup_{\mu\in\Lambda'}f^{-1}(B_\mu)$ が証明された.
(4) "$f^{-1}(\cap_{\mu\in\Lambda'}B_\mu)\subset\cap_{\mu\in\Lambda'}f^{-1}(B_\mu)$ かつ $\cap_{\mu\in\Lambda'}f^{-1}(B_\mu)\subset f^{-1}(\cap_{\mu\in\Lambda'}B_\mu)$" を証明する.

まず, $f^{-1}(\cap_{\mu\in\Lambda'}B_\mu)\subset\cap_{\mu\in\Lambda'}f^{-1}(B_\mu)$ を示す.
$x\in f^{-1}(\cap_{\mu\in\Lambda'}B_\mu)$ を任意にとると, $f(x)\in\cap_{\mu\in\Lambda'}B_\mu$ となる. よって, どのような $\nu\in\Lambda'$ に対しても $f(x)\in B_\nu$ となるので, どのような $\nu\in\Lambda'$ に対しても $x\in f^{-1}(B_\nu)$ となる, 即ち, $x\in\cap_{\mu\in\Lambda'}f^{-1}(B_\mu)$ を得る. これにより, $f^{-1}(\cap_{\mu\in\Lambda'}B_\mu)\subset\cap_{\mu\in\Lambda'}f^{-1}(B_\mu)$ が成り立つ.

次に, $\cap_{\mu\in\Lambda'}f^{-1}(B_\mu)\subset f^{-1}(\cap_{\mu\in\Lambda'}B_\mu)$ を証明する.
$x\in\cap_{\mu\in\Lambda'}f^{-1}(B_\mu)$ を任意にとると, どのような $\nu\in\Lambda'$ に対しても $x\in f^{-1}(B_\nu)$, 即ち, $f(x)\in B_\nu$ となる. このとき, $\nu\in\Lambda'$ は任意なので, $f(x)\in$

$\cap_{\mu\in\Lambda'}B_\mu$ になる. よって $x\in f^{-1}(\cap_{\mu\in\Lambda'}B_\mu)$ となるゆえ $\cap_{\mu\in\Lambda'}f^{-1}(B_\mu)\subset f^{-1}(\cap_{\mu\in\Lambda'}B_\mu)$ を得る.

以上により, $f^{-1}(\cap_{\mu\in\Lambda'}B_\mu)=\cap_{\mu\in\Lambda'}f^{-1}(B_\mu)$ が証明された.

## 解答 18.

まず, $\mathbb{R}$ は可算集合でないので, $\mathbb{N}$, $\mathbb{Z}$, $\mathbb{Q}$ からの全単射すらも存在しない. よって, $\mathbb{R}$ は他の集合たちと順序同型でない.

次に, $\mathbb{N}$ には最小元 1 があり, $\mathbb{Z}$, $\mathbb{Q}$ には最小元が存在しないので, $\mathbb{N}$ は $\mathbb{Z}$, $\mathbb{Q}$ とは順序同型でない. 実際, 順序同型 $f:\mathbb{N}\longrightarrow\mathbb{Z}$ が存在したとする. $f$ の全射性から, どんな $y\in\mathbb{Z}$ も $y=f(x)$ $(x\in\mathbb{N})$ の型で表され, $f$ が順序を保つことから, どんな整数 $y'$ に対しても $f(1)\leq y'$ とならなければならない. しかし, $y''<f(1)$ となるような整数 $y''$ が存在するので矛盾が起こる. $\mathbb{N}$ から $\mathbb{Q}$ への順序同型が存在するときも同様の議論で矛盾が生じる.

さらに, $\mathbb{Z}$ と $\mathbb{Q}$ とは順序同型でない. 事実, 順序同型 $g:\mathbb{Z}\longrightarrow\mathbb{Q}$ が存在したとする. このとき, $g(0)<y<g(1)$ となるような有理数 $y$ が存在し (例えば $(g(0)+g(1))/2$ など), $g^{-1}$ が順序を保つことから, $0=g^{-1}(g(0))<g^{-1}(y)<g^{-1}(g(1))=1$ となる. ここで, $g^{-1}(y)$ は 0 と 1 の間にある整数となるはずだが, そのような整数は存在しないので矛盾が起こる.

以上により, 題意が示された.

## 解答 19.

(1) 次で定義される写像 $f:A\longrightarrow 2^A$ を考える:

$$f:A\longrightarrow 2^A$$
$$a\longmapsto\{a\}$$

このとき, $f$ は単射となる. 実際, $\{x\}=f(x)=f(y)=\{y\}$ となるような $A$ の元 $x$, $y$ をとると, $x=y$ となることから単射性が証明される.

これにより, $a\leq b$ を得る.

(2) 単射 $g:2^A\longrightarrow A$ が存在したとして矛盾を導く. 今, 単射 $g:2^A\longrightarrow A$ が存在したとする. このとき, 以下で定義される $A$ の部分集合 $X$ を考える:

$$X=\{g(B)\mid B\in 2^A,\ g(B)\notin B\}.$$

ここで, $x=g(X)$ とおいておく.

$x \notin X$ のとき，$X$ の定義式から $g(X) \in X$ が得られるがこれは相反する結果である．一方，$x \in X$ の場合，$A$ の部分集合 $B$ で，"$x = g(B)$ かつ $g(B) \notin B$" となるものが存在する．このとき，$g(X) = g(B)$ であるから $g$ の単射性により $X = B$ となる．よって，$x \notin X$ となり，$x \in X$ であることに矛盾する．

以上により，$2^A$ から $A$ への単射は存在しないことが示されたので，$b \le a$ とはならないことが証明された．

(3) (1), (2) により $a \le b$ となるが，$a \ne b$ である．事実，$a = b$ とすると，$A$ から $2^A$ への全単射が存在するが，このとき，演習 11 (2) により，$2^A$ から $A$ への全単射が存在する．しかし，$2^A$ から $A$ へは単射すらも存在しないので矛盾が生じる．

よって，$a < b$ を得る．

## 解答 20.

(1) 極限は $0$ になる．実際，任意の $\varepsilon > 0$ に対して，アルキメデスの原理から，$\varepsilon \cdot n_0 > 1$ となるような自然数 $n_0$ が存在する．このとき，$n \ge n_0$ となるような全ての自然数 $n$ に対して，

$$\left| \frac{1}{n^2} - 0 \right| = \frac{1}{n^2} \le \frac{1}{n_0^2} \le \frac{1}{n_0} < \varepsilon$$

となる．よって，$\lim_{n \to \infty} a_n = 0$ を得る．

(2) 極限は $0$ になる．まず，

$$b_n = \sqrt{n+1} - \sqrt{n} = \frac{(\sqrt{n+1} - \sqrt{n})(\sqrt{n+1} + \sqrt{n})}{\sqrt{n+1} + \sqrt{n}} = \frac{1}{\sqrt{n+1} + \sqrt{n}}$$

と変形しておく．

今，任意の $\varepsilon > 0$ に対して，アルキメデスの原理から，$\varepsilon^2 \cdot n_0 > 1$ となるような自然数 $n_0$ が存在する．このとき，$n \ge n_0$ となるような全ての自然数 $n$ に対して，

$$|b_n - 0| = \frac{1}{\sqrt{n+1} + \sqrt{n}} < \frac{1}{\sqrt{n}} \le \frac{1}{\sqrt{n_0}} < \varepsilon$$

となる．これにより，$\lim_{n \to \infty} b_n = 0$ が示された．

## 解答 21.

(1) $x=0$ のときは証明の必要はないので，$0<x<1$ の場合を考える．

$y=1/x$ とおくと，$y>1$ となるので，$y=1+h$ $(h>0)$ とおける．このとき，

$$y^n = (1+h)^n = {}_nC_0 + {}_nC_1\,h + {}_nC_2\,h^2 + \cdots + {}_nC_n\,h^n \geq {}_nC_1\,h = n\,h$$

であることに注意する．

今，任意の $\varepsilon>0$ に対して，アルキメデスの原理から，$\varepsilon\cdot h\cdot n_0 > 1$ となるような自然数 $n_0$ が存在する．このとき，$n\geq n_0$ となるような全ての自然数 $n$ に対して，

$$|x^n - 0| = \frac{1}{y^n} \leq \frac{1}{n\,h} \leq \frac{1}{n_0\,h} < \varepsilon$$

となるので，$\lim_{n\to\infty} x^n = 0$ を得る．

(2) $x = 1+h$ $(h>0)$ と表しておく．$n\longrightarrow\infty$ の場合を考えるので，$n\geq 2$ として議論しても一般性を失わない．このとき，

$$x^n = (1+h)^n = {}_nC_0 + {}_nC_1\,h + {}_nC_2\,h^2 + \cdots + {}_nC_n\,h^n \geq {}_nC_2\,h^2 = \frac{n(n-1)\,h^2}{2}$$

が成り立つ．

今，任意の $\varepsilon>0$ に対して，アルキメデスの原理から，$\varepsilon\cdot h^2\cdot(n_0-1) > 2$ となるような自然数 $n_0$ が存在する．このとき，$n\geq n_0$ となるような全ての自然数 $n$ に対して，

$$\frac{n}{x^n} \leq \frac{2}{(n-1)\,h^2} \leq \frac{2}{(n_0-1)\,h^2} < \varepsilon$$

となる．よって，$\lim_{n\to\infty} n/x^n = 0$ が示された．

## 解答 22.

(1) 基本列にならない．

$\{s_n\}$ が基本列にならないための条件は，"ある正の $\varepsilon$ が存在して，どんな自然数 $n_0$ をもってしても，$n, m \geq n_0$ となる全ての $n, m$ に対して $|s_n - s_m| \geq \varepsilon$" となることである．この条件の意味を考えよう．基本列とは，$\lim_{n,m\to\infty}(a_n - a_m) = 0$ となるような数列のことであった．つまり，$n, m$ を大きくしていけば，$s_n$ と $s_m$ は限りなく近付いていくような数列である．このことから，基

本列でないような数列とは，$n, m$ をいくら大きくしていっても，$s_n$ と $s_m$ との距離が，ある一定の値 $\varepsilon$ よりも小さくなることがないような数列ということである．

これを踏まえた上で，本問の $\{s_n\}$ が，どんな自然数 $n_0$ をもってしても，$n \geq n_0$ となる全ての自然数 $n$ に対して，$|s_{2n} - s_n| \geq 1/2$ となることを示す（$\varepsilon = 1/2$, $m = 2n$ として考える）．実際，

$$|s_{2n} - s_n| = \frac{1}{n+1} + \frac{1}{n+2} + \cdots + \frac{1}{2n} \geq \frac{1}{n+n} + \frac{1}{n+n} + \cdots + \frac{1}{2n} = \frac{1}{2}$$

となることから，$s_{2n}$ と $s_n$ との距離が $1/2$ より小さくなることがないので，$\{s_n\}$ は基本列でない．

(2) 基本列になる．事実，任意の正の $\varepsilon$ に対して，アルキメデスの原理から，$\varepsilon \cdot n_0 > 1$ となるような自然数 $n_0$ が存在する．ここで，$n, m \geq n_0$ となる全ての自然数 $n, m$ を考えるのだが，$n \geq m (\geq n_0)$ としても一般性を失わない．このとき，

$$|s_n - s_m| = \frac{1}{(m+1)^2} + \frac{1}{(m+2)^2} + \cdots + \frac{1}{n^2}$$
$$< \frac{1}{m(m+1)} + \frac{1}{(m+1)(m+2)} + \cdots + \frac{1}{(n-1)n}$$
$$= \left(\frac{1}{m} - \frac{1}{m+1}\right) + \left(\frac{1}{m+1} - \frac{1}{m+2}\right) + \cdots + \left(\frac{1}{n-1} - \frac{1}{n}\right)$$
$$= \frac{1}{m} - \frac{1}{n} < \frac{1}{m} \leq \frac{1}{n_0} < \varepsilon$$

となる．よって，$\{s_n\}$ は基本列になる．

**解答 23.**

左辺の $1$ という記号の意味は，$a_n = 1$ で定義される実数列 $\{a_n\}$ による同値類 $C(\{a_n\})$ である．一方，右辺の $0.999\cdots$ という記号の意味は，$s_n = 9/10 + 9/10^2 + \cdots + 9/10^n$ によって与えられる実数列 $\{s_n\}$ による同値類 $C(\{s_n\})$ である．

任意の自然数 $n$ に対して，$a_n - s_n = 1/10^n$ となることから，$\lim_{n \to \infty}(a_n - s_n) = 0$ となる．よって，$C(\{a_n\}) = C(\{s_n\})$ となり，この式が与式を表す．

0.999⋯ という記号を見ると，"小数点以下 9 が無限個並んでいる"と思ってしまい，$1 = 0.999\cdots$ という式に違和感を覚えるかもしれないが，$0.999\cdots$ はあくまで同値類 $C(\{s_n\})$ を表すだけの記号にすぎないので，"小数点以下 9 が無限個並んでいる"などの意味はないということを注意する．

## 解答 24.

(3) 以下で定義される $\mathbb{Q}$ の切断 $A, B$ を考える：
$$A = \{x \in \mathbb{Q} \mid x^2 < 2\},\ B = \{x \in \mathbb{Q} \mid x^2 > 2\}.$$
このとき，$A$ の最大元も $B$ の最小元も共に存在しない．

(4) 以下で定義される $\mathbb{Z}$ の切断 $C, D$ を考える：
$$C = \{x \in \mathbb{Z} \mid 2x < 1\},\ D = \{x \in \mathbb{Z} \mid 2x > 1\}.$$
このとき，$C$ の最大元は $0$，$D$ の最小元は $1$ となる．

## 解答 25.

$\{a_n\}$ を上に有界な実数列とし，実数全体の集合 $\mathbb{R}$ の部分集合 $A$ を，
$$A = \{a_n \mid n = 1, 2, \cdots\}$$
で定義する．$A$ が上に有界であることと実数の連続の公理から，$A$ には上限 $\sup A$ が存在する．ここで，$\alpha = \sup A$ とおき，$\{a_n\}$ が $\alpha$ に収束することを示す．

今，任意の正の $\varepsilon$ をとると，$\alpha - \varepsilon$ は $A$ の上限でないので，$\alpha - \varepsilon < a_{n_0}$ となるような自然数 $n_0$ がとれる．実際，もしどんな自然数 $n$ に対しても $\alpha - \varepsilon < a_n$ とできないならば，これは $\alpha - \varepsilon \geq a_n$ を意味するので，$\alpha - \varepsilon$ が $A$ の上界になってしまい，$\alpha$ が上限であることに矛盾する．

上述の $n_0$ をとると，$\{a_n\}$ の単調増加性から，$n \geq n_0$ となる全ての自然数 $n$ に対して
$$\alpha - \varepsilon < a_{n_0} \leq a_n \leq \alpha < \alpha + \varepsilon$$
となる．よって，$|a_n - \alpha| < \varepsilon$ となるので，$\lim_{n \to \infty} a_n = \alpha$ を得る．

169

**解答 26.**
$\mathcal{O}_A$ が位相の三つの条件
(1) $\emptyset \in \mathcal{O}_A$, $A \in \mathcal{O}_A$,
(2) $U, V \in \mathcal{O}_A$ ならば $U \cap V \in \mathcal{O}_A$,
(3) $(U_\lambda \mid \lambda \in \Lambda)$ を $\mathcal{O}_A$ の元からなる集合系とすれば、$\cup_{\lambda \in \Lambda} U_\lambda \in \mathcal{O}_A$,
を満たすことを示す.

まず, (1) を見る. $\emptyset, X \in \mathcal{O}$ なので $A \cap \emptyset = \emptyset$, $A \cap X = A$ となることから, $\emptyset, A \in \mathcal{O}_A$ を得る.

次に, (2) を証明しよう. $U, V \in \mathcal{O}_A$ を任意にとると, $U = A \cap U'$, $V = A \cap V'$ となるような $U', V' \in \mathcal{O}$ が存在する. これにより,

$$U \cap V = (A \cap U') \cap (A \cap V') = A \cap (U' \cap V')$$

となる. 位相の定義から, $U' \cap V' \in \mathcal{O}$ となるゆえ, $U \cap V \in \mathcal{O}_A$ が従う.

最後に, (3) を示す. $(U_\lambda \mid \lambda \in \Lambda)$ を $\mathcal{O}_A$ の元からなる集合系とする. このとき, 各 $\lambda$ に対して $U_\lambda = A \cap U'_\lambda$ となるような $U'_\lambda \in \mathcal{O}$ がとれる. このことから,

$$\cup_{\lambda \in \Lambda} U_\lambda = \cup_{\lambda \in \Lambda} (A \cap U'_\lambda) = A \cap (\cup_{\lambda \in \Lambda} U'_\lambda)$$

となり, 位相の定義から $\cup_{\lambda \in \Lambda} U'_\lambda \in \mathcal{O}$ となる. よって, $\cup_{\lambda \in \Lambda} U_\lambda \in \mathcal{O}_A$ が証明された.

以上により, $\mathcal{O}_A$ が $A$ に位相を与えることが示された.

**解答 27.**
$\mathbb{R}$ の任意の有限部分集合 $A$ をとり, $A = \{a_1, a_2, \cdots, a_n\}$ と表しておく. 便宜上, $a_1 < a_2 < \cdots < a_n$ としておいても一般性を失わない. このとき,

$$A^c = (-\infty, a_1) \cup (a_1, a_2) \cup \cdots \cup (a_{n-1}, a_n) \cup (a_n, \infty)$$

となる. $(-\infty, a_1)$, $(a_1, a_2)$, $\cdots$, $(a_{n-1}, a_n)$, $(a_n, \infty)$ は $\mathbb{R}$ の開集合であることから, その和集合も開集合になる. よって, $A^c$ は開集合となるので, $A$ は閉集合になる.

**解答 28.**
導集合 $\mathbb{Q}'$ は実数全体の集合 $\mathbb{R}$ になる. 実際, $\mathbb{Q}' \subset \mathbb{R}$ は導集合の定義から明らかなので, $\mathbb{R} \subset \mathbb{Q}'$ を証明する.

$x \in \mathbb{R}$ を任意にとる．このとき，有理数の稠密性から，任意の自然数 $n$ に対して $x - 1/n < a_n < x - 1/(n+1)$ となるような有理数 $a_n$ が存在する．このように定義される有理数列 $\{a_n\}$ は，各 $n$ に対して $a_n$ は全て異なり，さらに，$a_n \longrightarrow x$ となるので，$x$ のどんな開近傍の中にも適当な $a_n$ が含まれる．よって，$x \in \mathbb{Q}'$ となることから，$\mathbb{R} \subset \mathbb{Q}'$ を得る．

以上により，$\mathbb{Q}' = \mathbb{R}$ が示された．

## 解答 29.

$[0, \infty)$ の任意の点 $a$ をとり，$f(x)$ が $a$ において連続であることを示す．

まず，$a = 0$ のときを考える．任意の正の $\varepsilon$ に対して $\delta = \varepsilon^2 > 0$ ととれば，$|x - 0| < \delta$ となる全ての $[0, \infty)$ の点 $x$ に対して

$$|f(x) - f(0)| = |\sqrt{x} - 0| < \sqrt{\delta} = \varepsilon$$

が成り立つ．

次に，$a > 0$ の場合を考える．任意の正の $\varepsilon$ に対して，$\delta = \varepsilon \cdot \sqrt{a} > 0$ ととれば，$|x - a| < \delta$ となる全ての $[0, \infty)$ の点 $x$ に対して

$$|f(x) - f(a)| = |\sqrt{x} - \sqrt{a}| = \left| \frac{(\sqrt{x} - \sqrt{a})(\sqrt{x} + \sqrt{a})}{\sqrt{x} + \sqrt{a}} \right|$$
$$= \frac{|x - a|}{|\sqrt{x} + \sqrt{a}|} \leq \frac{|x - a|}{\sqrt{a}} < \frac{\delta}{\sqrt{a}} = \varepsilon$$

となる．

以上により，$f(x)$ は $[0, \infty)$ 上で連続であることが示された．

## 解答 30.

通常よく見る同相写像の例は，以下のような $\tan$ を用いたものである：

$$f : (0, 1) \longrightarrow \mathbb{R}$$
$$x \longmapsto \tan\left\{\pi\left(x - \frac{1}{2}\right)\right\}$$

ここでは，佐賀大学文化教育学部の学生である加藤祥就君と高嵜敦啓君が考えてきた同相写像を紹介する．筆者の担当する講義において本問の類題を課題として出したところ，上述の $\tan$ による解答がほとんどだったその中で，彼らのみが独自の発想を見せたことに感心したものである．

今，以下のような二つの双曲線を点 (1/2, 0) で張り合わせた開区間 (0, 1) から $\mathbb{R}$ への写像 $g$ を考える：

$$g : (0, 1) \longrightarrow \mathbb{R}$$
$$x \longmapsto \begin{cases} -\dfrac{1}{x} + 2 & \left(0 < x \leq \dfrac{1}{2}\right) \\ -\dfrac{1}{x-1} - 2 & \left(\dfrac{1}{2} < x < 1\right) \end{cases}$$

各双曲線は連続写像であり，点 (1/2, 0) にて二つの双曲線が交わっているので，$g$ は連続になることが導かれる．また，$g$ は定義域において狭義単調増加なので単射となり，さらに，$\lim_{x \to +0} g(x) = -\infty$, $\lim_{x \to 1-0} g(x) = \infty$ となることから $g((0,1)) = \mathbb{R}$ となり $g$ が全射になることが従う．一方，$g$ の逆写像 $g^{-1}$ は

$$g^{-1} : \mathbb{R} \longrightarrow (0, 1)$$
$$y \longmapsto \begin{cases} -\dfrac{1}{y-2} & (-\infty < y \leq 0) \\ -\dfrac{1}{y+2} + 1 & (0 < y < \infty) \end{cases}$$

で与えられ，これらも二つの双曲線が点 (0, 1/2) にて張り合わされて構成されているゆえ連続写像になる．

## 解答 31.

まず $\mathcal{O}(\mathbb{N})$ は $\mathbb{R}$ の位相を与えることを見る．そのために
(1) $\emptyset \in \mathcal{O}(\mathbb{N})$, $\mathbb{R} \in \mathcal{O}(\mathbb{N})$,
(2) $U, V \in \mathcal{O}(\mathbb{N})$ ならば $U \cap V \in \mathcal{O}(\mathbb{N})$,
(3) $(U_\lambda \mid \lambda \in \Lambda)$ を $\mathcal{O}(\mathbb{N})$ の元からなる集合系とすれば，$\cup_{\lambda \in \Lambda} U_\lambda \in \mathcal{O}(\mathbb{N})$,
を満たすことを示す．

(1) は $\mathcal{O}(\mathbb{N})$ の定義から成り立つ．

次に (2) を見る．$U, V \in \mathcal{O}(\mathbb{N})$ を任意にとる．このとき，$U = \emptyset, \mathbb{R}, (-\infty, n)$ ($n$ は自然数) の三つの場合を考える．
$U = \emptyset$ の場合，$V = \emptyset, \mathbb{R}, (-\infty, m)$ ($m$ は自然数) の三つが考えられるが，いずれも，$U \cap V = \emptyset \in \mathcal{O}(\mathbb{N})$ となるので (2) が従う．
$U = \mathbb{R}$ の場合，$V = \emptyset, \mathbb{R}, (-\infty, m)$ ($m$ は自然数) の三つが考えられるが，

それぞれ, $U \cap V = \emptyset$, $\mathbb{R}$, $(-\infty, m) \in \mathcal{O}(\mathbb{N})$ となるので (2) を得る.
$U = (-\infty, n)$ ($n$ は自然数) の場合, $V = \emptyset$, $\mathbb{R}$, $(-\infty, m)$ ($m$ は自然数) の三つが考えられるが, 各々, $U \cap V = \emptyset$, $(-\infty, n)$, $(-\infty, \min\{n, m\})$ となるが, いずれも $\mathcal{O}(\mathbb{N})$ に含まれるので (2) が成り立つ.

以上により, (2) が示された.

最後に (3) を確認する. $(U_\lambda \mid \lambda \in \Lambda)$ を $\mathcal{O}(\mathbb{N})$ の元からなる集合系とする. この集合系の中に $\mathbb{R}$ が含まれていれば, 和集合 $\cup_{\lambda \in \Lambda} U_\lambda$ は $\mathbb{R}$ となり, $\mathcal{O}(\mathbb{N})$ に含まれる. よって, この集合系が $(-\infty, n)$ ($n$ は自然数) と $\emptyset$ とで構成される場合を考えればよい. $(U_\lambda \mid \lambda \in \Lambda)$ が全て $\emptyset$ で構成されるときは, 和集合 $\cup_{\lambda \in \Lambda} U_\lambda$ が $\emptyset$ となるので, $\mathcal{O}(\mathbb{N})$ に含まれる. また, $(U_\lambda \mid \lambda \in \Lambda)$ が $(-\infty, n)$ ($n$ は自然数) と $\emptyset$ とで構成されるときは, その和集合も $(-\infty, m)$ ($m$ は自然数) の型になるので, $\mathcal{O}(\mathbb{N})$ に含まれる.

以上から, (3) が証明された.

さらに, 位相空間 $(\mathbb{R}, \mathcal{O}(\mathbb{N}))$ は $T_0$ 空間でないことを見る. $\mathbb{R}$ 上の異なる二つの点 $1/2$, $1/3$ を考える. これを含む開集合は $(-\infty, n)$ ($n$ は 1 以上の自然数), または, $\mathbb{R}$ しかないが, いずれも $1/2$, $1/3$ の両方を含んでしまい, $T_0$ 分離公理を満たさない.

よって, 題意が示された.

## 解答 32.

$\mathcal{O}(\mathbb{R})$ が $\mathbb{R}$ の位相を与えることの証明は演習 31 と同様なので略す.

今, 位相空間 $(\mathbb{R}, \mathcal{O}(\mathbb{R}))$ は $T_0$ 空間であるが, $T_1$ 空間でないことを見る. $\mathbb{R}$ 上の異なる二つの点 $x$, $y$ をとる. 便宜上, $x < y$ と仮定しても一般性を失わない. このとき, $(-\infty, (x+y)/2)$ は開集合であり, $x \in (-\infty, (x+y)/2)$ だが $y \notin (-\infty, (x+y)/2)$ となる. よって, 位相空間 $(\mathbb{R}, \mathcal{O}(\mathbb{R}))$ は $T_0$ 空間であることが示された.

一方, $\mathbb{R}$ 上の異なる二つの点 $0$, $1$ を考える. $0$ を含む近傍として, $(-\infty, 1/2)$ をとってやれば, これは $0$ を含むが $1$ は含まない. しかし, $1$ を含むが $0$ を含まないような開集合は存在しない. 事実, $1$ の開近傍は $1$ より大きい実数 $x$ を用いて $(-\infty, x)$ で表されるか, または, $\mathbb{R}$ であるが, これらはいずれも $0$ を含んでしまう. よって, $T_1$ 分離公理を満たさないことが示された.

173

## 解答 33.

命題 2.3.3 (iii) により，位相空間 $(X, \mathcal{O})$ の部分集合 $A$ は $\overline{A} = A \cup A'$ を満たすことに注意する．また，演習 28 から，$\mathbb{Q}' = \mathbb{R}$ となる．よって，$\overline{\mathbb{Q}} = \mathbb{Q} \cup \mathbb{Q}' = \mathbb{Q} \cup \mathbb{R} = \mathbb{R}$ となり，$\mathbb{Q}$ が $\mathbb{R}$ で稠密であることが示された．

## 解答 34.

$(X, \mathcal{O})$ を第 2 可算公理を満たすような位相空間とし，$U_1, U_2, \cdots$ をその可算基とする．ここで，任意に $x_n \in U_n$ をとって，$X$ の部分集合 $A = \{x_1, x_2, \cdots\}$ をとる．$A$ は可算集合であり，$(X, \mathcal{O})$ において稠密になる．

実際，$\overline{A} = X$ となることを示す．$\overline{A} \subset X$ は閉包の定義から成り立つので，$X \subset \overline{A}$ を証明する．

$x \in X$ を任意にとる．$x \in A$ のときは $x \in \overline{A}$ となるので，$x \notin A$ とし，その近傍 $V$ をとる．可算基の性質から $x \in U_m \subset V$ となるような $U_m$ が存在する．$U_m$ には $A$ の点 $x_m$ が含まれており，$x \notin A$ なので $x_m \neq x$ となる．よって，$x$ は $A$ の集積点であり，$\overline{A} = A \cup A'$ であることから，$x \in \overline{A}$ を得る．これにより，$X \subset \overline{A}$ が示された．

以上のことから，$\overline{A} = X$ が成り立ち，$A$ が稠密であることが証明された．

よって，$(X, \mathcal{O})$ には稠密で高々可算な部分集合 $A$ が存在するので，可分な位相空間であることが示された．

## 解答 35.

$[a, b]$ から $\mathbb{R}$ への同相写像 $f$ が存在したとすると，最大値・最小値の原理から，$f$ は $[a, b]$ において最大値 $\beta$ と最小値 $\alpha$ をとる．よって，$f([a, b]) = [\alpha, \beta] \neq \mathbb{R}$ となってしまい，$f$ が全射であることに矛盾する．このことから，$[a, b]$ から $\mathbb{R}$ への同相写像が存在しないことが判る．

次に，$[a, b]$ から $[a, b)$ への同相写像 $g$ が存在したとすると，上と同様の議論で，$g$ の最大値 $\beta'$ と最小値 $\alpha'$ が存在し，$g([a, b]) = [\alpha', \beta'] \neq [a, b)$ となってしまい，$g$ が全射であることに矛盾する．このことから，$[a, b]$ から $[a, b)$ への同相写像が存在しないことが示された．

最後に，$[a, b)$ から $\mathbb{R}$ への同相写像 $h$ が存在したとする．このとき，どのように $x \in (a, b)(\subset [a, b))$ をとっても，常に $h(x) > h(a)$ となるか，常に $h(x) < h(a)$ となるかのどちらかである．実際，$(a, b)$ の点 $x_1, x_2$ で，$h(x_1) > h(a)$ かつ $h(x_2) < h(a)$ となるようなものがとれたとすると，中間値の定理から $h(x_3) = h(a)$ となるような $x_1$ と $x_2$ の間の点 $x_3$ が存在す

る．つまり，$x_3 \neq a$ かつ $h(x_3) = h(a)$ となり，$h$ が単射であることに矛盾する．このことから，どのように $x \in (a, b)$ をとっても，常に $h(x) > h(a)$ となるか，常に $h(x) < h(a)$ となるかのどちらかとなる．$h(x) > h(a)$ の場合，$h([a, b)) \subset [h(a), \infty)$ となり，$h$ が全射であることに矛盾する．また，$h(x) < h(a)$ の場合，$h([a, b)) \subset (-\infty, h(a)]$ となり，やはり $h$ が全射であることに矛盾する．いずれにせよ矛盾が導かれるので，$[a, b)$ から $\mathbb{R}$ への同相写像が存在しないことが示された．

以上により，上述の三つの集合は互いに同相でないことが証明された．

## 解答 36.

まず，0 以上の $\alpha$ と $\beta$ に対して

$$\sqrt{\alpha + \beta} \leq \sqrt{\alpha} + \sqrt{\beta} \tag{4.1}$$

が成り立つことを証明しておく．両辺共に 0 以上なので，(3.1) であることと，両辺の二乗を考えた

$$\alpha + \beta = \sqrt{\alpha + \beta}^2 \leq (\sqrt{\alpha} + \sqrt{\beta})^2$$

であることとは同値であるから，この不等式を示せばよい．実際，

$$(\sqrt{\alpha} + \sqrt{\beta})^2 - (\alpha + \beta) = 2\sqrt{\alpha\beta} \geq 0$$

となるゆえ，(3.1) を得る．

今，任意の $\varepsilon > 0$ に対して $\delta > 0$ を $\delta < \varepsilon^2$ となるようにとっておく．$|x - y| < \delta$ となる全ての 0 以上の $x$ と $y$ を考えるが，$y \geq x$ として議論しても一般性を失わないので，$y \geq x$ のときを考える．また，$|x - y| < \delta$ という条件は

$$x - \delta < y < x + \delta \tag{4.2}$$

と同値であることを注意しておく．このとき，

$$|f(x) - f(y)| = |\sqrt{x} - \sqrt{y}| = \sqrt{y} - \sqrt{x} \underbrace{<}_{(3.2)} \sqrt{x + \delta} - \sqrt{x}$$

$$\underbrace{\leq}_{(3.1)} (\sqrt{x} + \sqrt{\delta}) - \sqrt{x} = \sqrt{\delta} < \varepsilon$$

が従う．よって，$f$ は $[0, \infty)$ 上一様連続であることが証明された．

# 関連図書

[1] 内田伏一：集合と位相，裳華房

[2] 松坂和夫：集合・位相入門，岩波書店

[3] 野口廣：トポロジー 基礎と方法，筑摩書房

[4] 竹之内脩：集合・位相，筑摩書房 数学講座 11

[5] 杉浦光夫：解析入門 I，東京大学出版会 基礎数学 2

[6] 高木貞治：解析概論，岩波書店

[7] 永尾汎：代数学，朝倉書店 新数学講座 4

[8] H.-D. エビングハウス 他 著　成木勇夫 訳：数・上，シュプリンガー数学リーディングス 第 6 巻

[9] Shoichi Fujimori, Toshihiro Shoda : Minimal surfaces with two ends which have the least total absolute curvature, プレプリント

　本書を作成する上で特に参考にした文献を列挙した．[1] と [2] は集合・位相の教科書として標準的なものである．[3] は分量こそ限られているものの，説明が明快で読みやすい．[4] は集合・位相の概念をその歴史的背景と共に追っている．[5] と [6] は解析学についての基礎をまとめたもので，学部教育で広く使われているであろうものである．[7] は群・環・体の内容を広く書しており，[8] は自然数に始まり，様々な数の体系をまとめてある．尚，各章で用いたグラフィックスは拙著論文 [9] による研究成果である．

　もちろん，これらはあくまで一部であり，また，読者にとって最善の本ではない可能性は十分ある．個人個人によって本との相性があるため，様々な本を紐解いて頂き，自分に一番合ったものを参考にして頂ければ幸いである．

(著者紹介)

庄田敏宏（しょうだ　としひろ）

1975 年 東京都生まれ．
2004 年 東京工業大学理工学研究科数学専攻博士課程修了．
　　　九州大学学術振興会特別研究員 (PD) を経て，
2006 年より佐賀大学文化教育学部講師，
2009 年同准教授となり現在に至る．
博士（理学）

| 集合・位相に親しむ | 2010 年 4 月 16 日　初版 1 刷発行 |

検印省略

著　者　庄田敏宏
発行者　富田　淳
発行所　株式会社　現代数学社
　　　　〒606-8425　京都市左京区鹿ヶ谷西寺ノ前町1
　　　　TEL&FAX 075 (751) 0727　振替 01010-8-11144
　　　　http://www.gensu.co.jp/

ⓒ Toshihiro Shoda, 2010
Printed in Japan

印刷・製本　モリモト印刷株式会社

ISBN 978-4-7687-0411-0　　　　落丁・乱丁はお取替え致します．